제제
수학
5-1

서사원주니어

수학을 잘하고 싶은 어린이 모여라!

안녕하세요, 어린이 여러분?

선생님은 초등학교에서 학생들을 가르치면서, 수학을 잘하고 싶지만 어려워하는 어린이들을 많이 만났어요. 그래서 여러분이 혼자서도 수학을 잘할 수 있도록, 개념을 쉽게 알려 주는 문제집을 만들었어요.

여러분, 계단을 올라가 본 적이 있지요? 계단을 한 칸 한 칸 올라가다 보면 어느새 한 층을 다 올라가 있듯, 수학 공부도 똑같아요. 매일매일 조금씩 공부하다 보면 어느새 나도 모르게 수학 실력이 쑥쑥 올라가게 될 거예요.

선생님이 만든 '제제수학'은 수학 교과서처럼 한 단계씩 차근차근 공부할 수 있어요. 개념을 이해하게 도와주는 쉬운 문제부터 천천히 공부할 수 있도록 구성했으니, 수학 진도에 맞춰서 제대로, 그리고 꾸준히 공부해 보세요.

하루하루의 노력이 모여 여러분의 수학 실력을 단단하게 만들어 줄 거예요.

-권오훈, 이세나 선생님이

이 책의 구성과 활용법

step 1 단원 내용 공부하기

▶ 학교 진도에 맞춰 단원 내용을 공부해요.
▶ 각 차시별 핵심 정리를 읽고 중요한 개념을 확인한 후 문제를 풀어요.

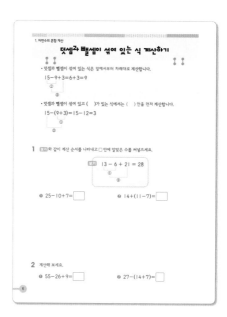

step 2 연습 문제
계산력을 키워요.

▶ 단원의 모든 내용을 공부하고 난 뒤에 계산 연습을 해요.
▶ 계산 연습을 할 때에는 집중하여 정확하게 계산하는 태도가 중요해요.
▶ 정확하게 계산을 잘하게 되면 빠르게 계산하는 연습을 해 보세요.

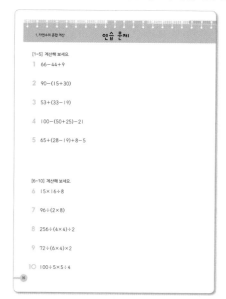

step 3 단원 평가
배운 내용을 확인해요.

▶ 잘 이해했는지 확인해 보고, 배운 내용을 정리해요.
▶ 문제를 풀다가 어려운 내용이 있다면 한번 더 공부해 보세요.

step 4 실력 키우기
응용력을 키워요.

▶ 생활 속 문제를 해결하는 힘을 길러요.
▶ 서술형 문제를 풀 때에는 문제를 꼼꼼하게 읽어야 해요.
 식을 세우고 문제를 푸는 연습을 하며 실력을 키워 보세요.

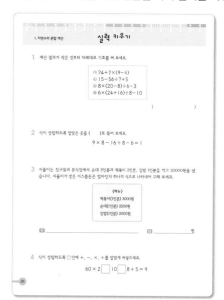

차례

1. 자연수의 혼합 계산

- 덧셈과 뺄셈이 섞여 있는 식 계산하기

- 곱셈과 나눗셈이 섞여 있는 식 계산하기

- 덧셈, 뺄셈, 곱셈이 섞여 있는 식 계산하기

- 덧셈, 뺄셈, 나눗셈이 섞여 있는 식 계산하기

- 덧셈, 뺄셈, 곱셈, 나눗셈이 섞여 있는 식 계산하기

덧셈과 뺄셈이 섞여 있는 식 계산하기

- 덧셈과 뺄셈이 섞여 있는 식은 앞에서부터 차례대로 계산합니다.

$$15-9+3=6+3=9$$

①
②

- 덧셈과 뺄셈이 섞여 있고 ( )가 있는 식에서는 ( ) 안을 먼저 계산합니다.

$$15-(9+3)=15-12=3$$

①
②

1 보기 와 같이 계산 순서를 나타내고 □ 안에 알맞은 수를 써넣으세요.

보기 $13-6+21=28$
①
②

❶ $25-10+7=$ ⬜

❷ $14+(11-7)=$ ⬜

2 계산해 보세요.

❶ $55-26+9=$ ⬜

❷ $27-(14+7)=$ ⬜

3 계산 결과를 비교하여 ◯ 안에 >, =, <를 알맞게 써넣으세요.

❶ $36+15-10$ ◯ $36+(15-10)$

❷ $21-11+9$ ◯ $21-(11+9)$

4 현규는 초콜릿 10개 중에서 5개를 먹고 친구에게 3개를 받았습니다. 현규가 가지고 있는 초콜 릿은 모두 몇 개인지 하나의 식으로 나타내어 구해 보세요.

식 _____   답 _____ 개

5 두 식을 계산하고, 알맞은 말에 ◯표 하세요.

$$30-12-8=\boxed{}$$ $$30-(12-8)=\boxed{}$$

두 식의 계산 결과는 (같습니다 , 다릅니다).

6 주호네 동네 꽃집에 국화꽃이 40송이, 장미꽃이 23송이 있습니다. 이 중 13송이를 팔았다면 남 은 꽃은 몇 송이인지 하나의 식으로 나타내어 구해 보세요.

식 _____   답 _____ 송이

곱셈과 나눗셈이 섞여 있는 식 계산하기

- 곱셈과 나눗셈이 섞여 있는 식은 앞에서부터 차례대로 계산합니다.

$$70 \div 7 \times 5 = 10 \times 5 = 50$$

　　　　① ②

- 곱셈과 나눗셈이 섞여 있고 (　　)가 있는 식에서는 (　　) 안을 먼저 계산합니다.

$$70 \div (7 \times 5) = 70 \div 35 = 2$$

　　　　① ②

1 보기와 같이 계산 순서를 나타내고 □ 안에 알맞은 수를 써넣으세요.

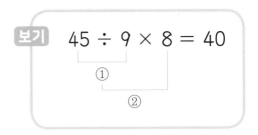

보기 $45 \div 9 \times 8 = 40$

　　　　① ②

❶ $25 \div 5 \times 3 =$ ☐

❷ $90 \div (3 \times 6) =$ ☐

2 계산해 보세요.

❶ $12 \times 4 \div 6 =$ ☐

❷ $24 \times (14 \div 7) =$ ☐

3 계산 결과를 비교하여 ○ 안에 >, =, <를 알맞게 써넣으세요.

❶ 20÷5×4 ◯ 20÷(5×4)

❷ 8×24÷6 ◯ 8×(24÷6)

4 계산이 <u>잘못된</u> 곳을 찾아 ○로 표시하고, 바르게 고쳐 계산해 보세요.

$$72 ÷ (6 × 3) = 12 × 3$$
$$= 36$$

⬇

5 민재네 학교 5학년 학생은 한 반에 30명씩 7반입니다. 체험학습을 가기 위해 버스 5대에 똑같이 나누어 타려면 버스 한 대에 몇 명씩 타야 하는지 하나의 식으로 나타내어 구해 보세요.

식 _____ 답 _____ 명

6 계산 결과가 큰 것부터 차례대로 기호를 써 보세요.

> ㉠ 9×(15÷3)   ㉡ 24÷(2×2)
> ㉢ 13×(12÷4)   ㉣ 33÷3×5

(   )

덧셈, 뺄셈, 곱셈이 섞여 있는 식 계산하기

덧셈, 뺄셈, 곱셈이 섞여 있는 식은 곱셈을 먼저 계산합니다.

$$27-5\times4+8=27-20+8=7+8=15$$

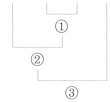

단, ( )가 있으면 ( ) 안을 가장 먼저 계산합니다.

$$(12+3)\times2-6=15\times2-6=30-6=24$$

1 보기 와 같이 계산 순서를 나타내고 □ 안에 알맞은 수를 써넣으세요.

> 보기 $90-(5+4)\times8=18$
> ①
> ②
> ③

❶ $45-4\times7+21=$ □

❷ $125-13\times(4+2)=$ □

2 계산해 보세요.

❶ $56-7\times5+15=$ □

❷ $12\times(19-14)+11\times2=$ □

3 바르게 계산한 사람은 누구인가요?

> 민성: $13+25-8\times2=20$
> 우진: $94-(8+12)\times2=54$

(   )

4 계산 결과가 <u>다른</u> 하나를 찾아 기호를 써 보세요.

> ㉠ $45-4\times6+2$
> ㉡ $45-(4\times6)+2$
> ㉢ $45-4\times(6+2)$

(   )

5 채소 가게에서 한 개에 800원인 감자 7개와 한 개에 650원인 당근 3개를 사고 10000원을 냈습니다. 거스름돈은 얼마인지 하나의 식으로 나타내어 구해 보세요.

식 _____   답 _____ 원

6 식이 성립하도록 알맞은 곳을 (   )로 묶어 보세요.

$$60 - 20 + 6 \times 4 - 3 = 46$$

덧셈, 뺄셈, 나눗셈이 섞여 있는 식 계산하기

덧셈, 뺄셈, 나눗셈이 섞여 있는 식은 나눗셈을 먼저 계산합니다.

$20-20\div5+8=20-4+8=16+8=24$

단, ( )가 있으면 ( ) 안을 가장 먼저 계산합니다.

$(12+23)\div5-6=35\div5-6=7-6=1$

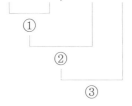

1 보기 와 같이 계산 순서를 나타내고 ☐ 안에 알맞은 수를 써넣으세요.

> 보기
> $25-(15+3)\div6=22$
> ①
> ②
> ③

❶ $45+96\div6-23=$ ☐

❷ $35-54\div(4+2)=$ ☐

2 계산해 보세요.

❶ $22+18\div3-9=$ ☐

❷ $30\div(19-14)+11-2=$ ☐

3 계산 결과를 비교하여 ◯ 안에 >, =, <를 알맞게 써넣으세요.

❶ $63 \div 9 - 2 + 5$ ◯ $63 \div (9-2) + 5$

❷ $36 \div 6 - 2 + 3$ ◯ $36 \div (6-2) + 3$

4 계산 결과가 가장 큰 것을 찾아 기호를 써 보세요.

> ㉠ $64 \div 16 + 8 - 2$
>
> ㉡ $64 - 16 \div 8 - 2$
>
> ㉢ $64 - (16+8) \div 2$

(   )

5 ☐ 안에 공통으로 들어갈 알맞은 수를 보기 에서 골라 써넣으세요.

> 보기   4   6   2   10   8

> ☐ $\div 4 + 6 - 2 = 6$ $6 + 5 - 16 \div$ ☐ $= 9$

6 유라는 5개에 3500원인 감자 1개와 2개에 4000원인 당근 1개를 사고 5000원을 냈습니다. 거스름돈은 얼마인지 하나의 식으로 나타내어 구해 보세요.

식 _____ 답 _____ 원

덧셈, 뺄셈, 곱셈, 나눗셈이 섞여 있는 식 계산하기

덧셈, 뺄셈, 곱셈, 나눗셈이 섞여 있는 식은 곱셈과 나눗셈을 먼저 계산하고 덧셈과 나눗셈은 앞에서부터 차례대로 계산합니다. 단, ( )가 있으면 ( ) 안을 가장 먼저 계산합니다.

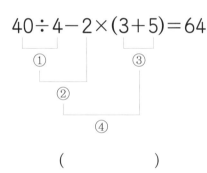

$$5 \times (3+9) \div 6 - 5 = 5$$

1 계산 순서를 바르게 나타낸 것에 ◯표 하세요.

$$40 \div 4 - 2 \times (3+5) = 64$$

(   )

$$56 \div 4 - 2 \times 7 + 11 = 11$$

(   )

2 계산 순서를 나타내고 ☐ 안에 알맞은 수를 써넣으세요.

❶ $3 \times 9 - 45 \div 9 + 8 = \boxed{}$

❷ $36 \div 4 \times 3 - 14 + 21 = \boxed{}$

3 계산해 보세요.

$$(32-16)\div4+12\times3=\boxed{}$$

4 ㉠과 ㉡의 계산 결과의 합을 구해 보세요.

> ㉠ $8\times(2+4)\div4-2$
> ㉡ $5\times4-18\div6+8$

(   )

5 계산 결과를 비교하여 ○ 안에 >, =, <를 알맞게 써넣으세요.

$$2\times9+36\div9-3 \bigcirc 2\times(9+36)\div9-3$$

6 온도를 나타내는 단위에는 섭씨(℃)와 화씨(℉)가 있습니다. 대화를 보고 현재 기온을 화씨로 나타내면 몇 도(℉)인지 하나의 식으로 나타내어 구해 보세요.

섭씨온도에 9를 곱하고 5로 나눈 수에 32를 더하면 화씨온도가 된단다.

현재 기온은 30도(℃)예요.

식 _____ 답 _____℉

연습 문제

[1~5] 계산해 보세요.

1 $66-44+9$

2 $90-(15+30)$

3 $53+(33-19)$

4 $100-(50+25)-21$

5 $65+(28-19)+8-5$

[6~10] 계산해 보세요.

6 $15\times16\div8$

7 $96\div(2\times8)$

8 $256\div(4\times4)\div2$

9 $72\div(6\times4)\times2$

10 $100\div5\times5\div4$

[11~15] 계산해 보세요.

11 $10+48-12\times4$

12 $30-12+56\div7$

13 $75\div(25-10)-5$

14 $(35+25)\div15-2$

15 $38-5\times7+12$

[16~20] 계산해 보세요.

16 $3\times13-25\div5+3$

17 $51\div(39\div13)\times2+(10-5)$

18 $56-28\div7\times6+3$

19 $20+4\times6-90\div5$

20 $56\div4-13+6\times2$

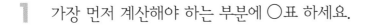

단원 평가

1 가장 먼저 계산해야 하는 부분에 ◯표 하세요.

$$11+6\times3-8$$

2 계산 순서를 나타내고 ☐ 안에 알맞은 수를 써넣으세요.

❶ $23-(4+12)=$ ☐

❷ $64\div8\times3=$ ☐

❸ $14\times(4+6)\div5-19=$ ☐

❹ $20+(5-3)\times6=$ ☐

3 계산 순서에 맞게 기호를 차례대로 써 보세요.

$$14+(14-6)\times7\div4-10$$

ㄱ ㄴ ㄷ ㄹ ㅁ

( )

4 계산 결과를 비교하여 ◯ 안에 >, =, <를 알맞게 써넣으세요.

$$36+49\div7\times6-24 \bigcirc 79-(31+7)\times3\div6$$

5 혜원이는 10살입니다. 동생은 혜원이보다 4살 어리고, 아버지는 동생 나이의 6배보다 6살 많습니다. 아버지의 나이는 몇 살인지 하나의 식으로 나타내어 구해 보세요.

식 _____   답 _____ 살

6 지구에서 잰 무게는 달에서 잰 무게의 약 6배입니다. 달에서 잰 영수와 철민이의 몸무게의 합은 달에서 잰 선생님의 몸무게보다 몇 kg 더 무거운지 하나의 식으로 나타내어 구해 보세요.

> • 지구에서 잰 영수의 몸무게: 42 kg
> • 지구에서 잰 철민이의 몸무게: 48 kg
> • 달에서 잰 선생님의 몸무게: 13 kg

식 _____   답 _____ kg

7 식이 성립하도록 알맞은 곳을 ( )로 묶어 보세요.

$$117 \div 3 + 10 \times 3 - 6 = 21$$

8 수 카드 1, 2, 4 를 한 번씩만 사용하여 아래와 같이 식을 만들려고 합니다. 계산 결과가 가장 클 때의 값과 가장 작을 때의 값을 각각 구해 보세요.

$$16 \div (\square \times \square) + \square$$

가장 클 때 (   )
가장 작을 때 (   )

실력 키우기

1   계산 결과가 작은 것부터 차례대로 기호를 써 보세요.

> ㉠ $24 + 2 \times (9 - 4)$
> ㉡ $15 - 56 \div 7 + 5$
> ㉢ $8 \times (20 - 8) \div 6 - 3$
> ㉣ $6 \times (24 + 16) \div 8 - 10$

(   )

2   식이 성립하도록 알맞은 곳을 (   )로 묶어 보세요.

$$2 \times 16 - 8 \div 4 - 3 = 1$$

3   지율이는 친구들과 분식집에서 순대 3인분과 떡볶이 2인분, 김밥 1인분을 먹고 20000원을 냈습니다. 지율이가 받은 거스름돈은 얼마인지 하나의 식으로 나타내어 구해 보세요.

> 〈메뉴〉
> 떡볶이(1인분) 3000원
> 순대(1인분) 2500원
> 김밥(1인분) 2000원

식 _____   답 _____ 원

4   식이 성립하도록 ☐ 안에 $+$, $-$, $\times$, $\div$를 알맞게 써넣으세요.

$$60 \times 2 \ \boxed{} \ 10 \ \boxed{} \ 8 + 5 = 9$$

2. 약수와 배수

- 약수와 배수 찾아보기

- 곱을 이용하여 약수와 배수의 관계 알아보기

- 공약수와 최대공약수 구해 보기

- 최대공약수 구하는 방법 알아보기

- 공배수와 최소공배수 구해 보기

- 최소공배수 구하는 방법 알아보기

약수와 배수 찾아보기

- 어떤 수를 나누어떨어지게 하는 수를 그 수의 약수라고 합니다.

  $12 \div 1 = 12$, $12 \div 2 = 6$, $12 \div 3 = 4$, $12 \div 4 = 3$, $12 \div 6 = 2$, $12 \div 12 = 1$

  ➡ 12의 약수는 1, 2, 3, 4, 6, 12입니다.

- 어떤 수를 1배, 2배, 3배…… 한 수를 그 수의 배수라고 합니다.

  $6 \times 1 = 6$, $6 \times 2 = 12$, $6 \times 3 = 18$ ……

  ➡ 6의 배수는 6, 12, 18……입니다.

1 ☐ 안에 알맞은 수를 써넣어 6의 약수를 구해 보세요.

$6 \div \boxed{} = 6$, $6 \div \boxed{} = 3$, $6 \div \boxed{} = 2$, $6 \div \boxed{} = 1$

➡ 6의 약수는 $\boxed{}$, $\boxed{}$, $\boxed{}$, $\boxed{}$ 입니다.

2 ☐ 안에 알맞은 수를 써넣어 12의 배수를 구해 보세요.

12를 1배 한 수 → $12 \times 1 = \boxed{}$ 12를 2배 한 수 → $12 \times 2 = \boxed{}$

12를 3배 한 수 → $12 \times 3 = \boxed{}$ 12를 4배 한 수 → $12 \times 4 = \boxed{}$

➡ 12의 배수는 $\boxed{}$, $\boxed{}$, $\boxed{}$, $\boxed{}$ ……입니다.

3 수직선을 보고 4의 배수에 모두 ●표 하세요.

4 왼쪽 수가 오른쪽 수의 약수인 것에 ◯표, 아닌 것에 ✕표 하세요.

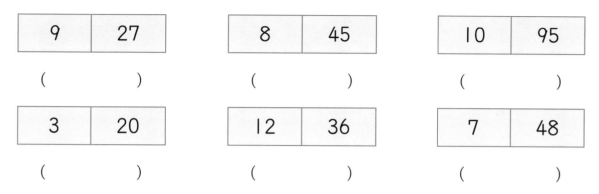

9	27

(   )

8	45

(   )

10	95

(   )

3	20

(   )

12	36

(   )

7	48

(   )

5 수 배열표에서 6의 배수에는 ◯표, 8의 배수에는 △표 하세요.

1	2	3	4	5	6	7	8	9	10
11	12	13	14	15	16	17	18	19	20
21	22	23	24	25	26	27	28	29	30
31	32	33	34	35	36	37	38	39	40
41	42	43	44	45	46	47	48	49	50

6 약수의 개수가 많은 수부터 차례대로 기호를 써 보세요.

⊙ 8   ⓒ 12   ⓒ 16   ⓔ 17

(   )

7 10보다 크고 40보다 작은 5의 배수를 모두 구해 보세요.

(   )

곱을 이용하여 약수와 배수의 관계 알아보기

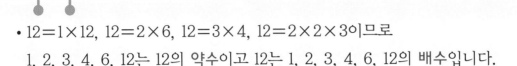

- 12=1×12, 12=2×6, 12=3×4, 12=2×2×3이므로

  1, 2, 3, 4, 6, 12는 12의 약수이고 12는 1, 2, 3, 4, 6, 12의 배수입니다.

- ■=●×▲일 때,

  ■는 ●와 ▲의 배수입니다.

  ●와 ▲는 ■의 약수입니다.

1 식을 보고 □ 안에 '약수' 또는 '배수'를 알맞게 써넣으세요.

❶ $3×5=15$

➡ 15는 3과 5의 [   ] 입니다.

➡ 3과 5는 15의 [   ] 입니다.

❷ $5×8=40$

➡ 40은 5와 8의 [   ] 입니다.

➡ 5와 8은 40의 [   ] 입니다.

2 식을 보고 □ 안에 알맞은 수를 써넣으세요.

❶ $1×6=6, \ 2×3=6$

➡ 6은 [ ], [ ], [ ], [ ] 의 배수입니다.

➡ [ ], [ ], [ ], [ ] 은/는 6의 약수입니다.

❷ $1×16=16, \ 4×4=16, \ 2×8=16$

➡ 16은 [ ], [ ], [ ], [ ], [ ] 의 배수입니다.

➡ [ ], [ ], [ ], [ ], [ ] 은/는 16의 약수입니다.

3 18을 두 수의 곱으로 나타내고, 약수와 배수의 관계를 써 보세요.

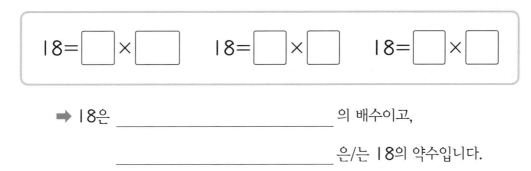

⟶ 18은 _____ 의 배수이고,

_____ 은/는 18의 약수입니다.

4 보기 에서 약수와 배수의 관계인 수를 모두 찾아 써 보세요.

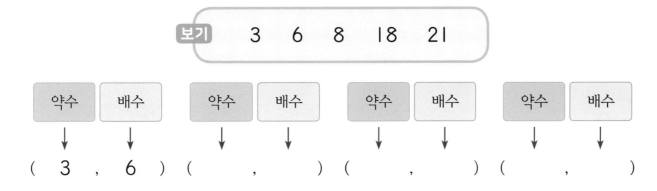

5 두 수가 약수와 배수의 관계인 것을 모두 찾아 기호를 써 보세요.

| ㉠ (6, 72) | ㉡ (7, 84) | ㉢ (8, 36) | ㉣ (9, 108) |

(   )

6 두 수가 약수와 배수의 관계인 것에 ○표, 아닌 것에 ×표 하세요.

| 45 | 3 | | 4 | 72 | | 54 | 8 | | 5 | 85 |

(   )   (   )   (   )   (   )

| 20 | 3 | | 12 | 96 | | 91 | 7 | | 6 | 50 |

(   )   (   )   (   )   (   )

공약수와 최대공약수 구해 보기

8과 12의 공약수와 최대공약수 구해 보기

- 8의 약수는 1, 2, 4, 8입니다.

- 12의 약수는 1, 2, 3, 4, 6, 12입니다.

- 1, 2, 4는 8의 약수도 되고, 12의 약수도 됩니다. 이처럼 8과 12의 공통된 약수를 8과 12의 공약수라고 합니다.

- 공약수 중에서 가장 큰 수인 4를 8과 12의 최대공약수라고 합니다.

공약수와 최대공약수의 관계 알아보기

- 8과 12의 최대공약수인 4의 약수는 8과 12의 공약수와 같습니다.

1 12와 16의 공약수와 최대공약수를 구하려고 합니다. ☐ 안에 알맞은 수를 써넣으세요.

- 12의 약수는 ☐, ☐, ☐, ☐, ☐, ☐ 입니다.

- 16의 약수는 ☐, ☐, ☐, ☐, ☐ 입니다.

- 12와 16의 공약수는 ☐, ☐, ☐ 입니다.

- 12와 16의 최대공약수는 ☐ 입니다.

2 20과 36의 공약수와 최대공약수를 구해 보세요.

❶ 20과 36의 약수를 모두 써 보세요.

20의 약수	
36의 약수	

❷ 위 ❶에서 공약수를 모두 찾아 ◯표 하고, 최대공약수를 구해 보세요.

( )

3 어떤 두 수의 최대공약수가 16일 때, 두 수의 공약수를 모두 써 보세요.

(   )

4 두 수의 공약수와 최대공약수를 구해 보세요.

❶ (15 , 30)

• 공약수 ➡ (   )

• 최대공약수 ➡ (   )

❷ (36 , 48)

• 공약수 ➡ (   )

• 최대공약수 ➡ (   )

5 ○ 안에 >, =, <를 알맞게 써넣으세요.

14와 21의 최대공약수   ◯   18과 36의 최대공약수

6 잘못 이야기한 사람을 찾고, <u>잘못된</u> 부분을 바르게 고쳐 보세요.

24와 32의 공약수는 두 수를 모두 나누어떨어지게 할 수 있어.

지혁

24와 32의 공약수 중에서 가장 작은 수는 1이야.

성문

24와 32의 공약수 중에서 가장 큰 수는 6이야.

윤아

잘못 이야기한 사람 _____

바르게 고치기 _____

27

최대공약수 구하는 방법 알아보기

두 수의 곱으로 나타낸 곱셈식을 이용하여 최대공약수 구하는 방법

두 수의 곱으로 나타낸 곱셈식에 공통으로 들어 있는 수 중에서 가장 큰 수를 찾아 최대공약수를 구합니다.

$$12=2\times\textbf{6}\qquad 18=3\times\textbf{6}$$
$$\downarrow\qquad\qquad\downarrow$$
12와 18의 최대공약수

여러 수의 곱으로 나타낸 곱셈식을 이용하여 최대공약수 구하는 방법

여러 수의 곱으로 나타낸 곱셈식 중에서 공통으로 들어 있는 곱셈식을 찾아 최대공약수를 구합니다.

$$45=5\times3\times3\qquad 75=5\times3\times5$$
$$\|\qquad\qquad\qquad\|$$
$$15\qquad\qquad\quad15 \Rightarrow 45와 75의 최대공약수$$

두 수의 공약수를 이용하여 최대공약수 구하는 방법

두 수를 나눈 공약수들의 곱으로 최대공약수를 구합니다.

45와 75의 공약수 ➡ $5)\overline{45\quad75}$
9와 15의 공약수 ➡ $3)\overline{9\quad15}$
$3\quad5$
$5\times3=15 \Rightarrow 45와 75의 최대공약수$

[1~3] 36과 40을 여러 수의 곱으로 나타낸 곱셈식을 보고 물음에 답하세요.

$36=1\times36$	$36=2\times18$	$36=3\times12$	$36=4\times9$	$36=2\times2\times3\times3$
$40=1\times40$	$40=2\times20$	$40=4\times10$	$40=5\times8$	$40=2\times2\times2\times5$

1 36과 40의 최대공약수를 구하기 위한 두 수의 곱셈식을 써 보세요.

$$36=\boxed{}\times\boxed{}\qquad 40=\boxed{}\times\boxed{}$$

2 36과 40의 최대공약수를 구하기 위한 여러 수의 곱셈식을 써 보세요.

$$36 = \boxed{} \times \boxed{} \times \boxed{} \times \boxed{}$$

$$40 = \boxed{} \times \boxed{} \times \boxed{} \times \boxed{}$$

3 36과 40의 최대공약수를 구해 보세요.

(   )

4 두 수의 곱셈식을 보고 45와 54의 최대공약수를 구해 보세요.

$$45 = 5 \times 9 \qquad 54 = 6 \times 9$$

(   )

5 여러 수의 곱셈식을 보고 84와 180의 최대공약수를 구해 보세요.

$$84 = 2 \times 2 \times 3 \times 7 \qquad 180 = 2 \times 2 \times 3 \times 3 \times 5$$

(   )

6 12와 30의 최대공약수를 구하려고 합니다. □ 안에 알맞은 수를 써넣으세요.

$$
\begin{array}{r|cc}
2 & 12 & 30 \\
\hline
3 & 6 & 15 \\
\hline
 & 2 & 5
\end{array}
$$

➡ 12와 30의 최대공약수

: $\boxed{} \times \boxed{} = \boxed{}$

7 두 수의 최대공약수가 가장 큰 것을 찾아 기호를 써 보세요.

㉠ (24, 26)   ㉡ (18, 30)   ㉢ (15, 20)   ㉣ (36, 72)

(   )

공배수와 최소공배수 구해 보기

6과 8의 공배수와 최소공배수 구해 보기

- 6의 배수는 6, 12, 18, 24, 30, 36……입니다.
- 8의 배수는 8, 16, 24, 32, 40, 48……입니다.
- 24, 48, 72……는 6의 배수도 되고 8의 배수도 됩니다. 이처럼 6과 8의 공통된 배수를 6과 8의 공배수라고 합니다.
- 공배수 중에서 가장 작은 수인 24를 6과 8의 최소공배수라고 합니다.

공배수와 최소공배수의 관계 알아보기

- 6과 8의 최소공배수인 24의 배수는 6과 8의 공배수와 같습니다.

1 4와 6의 공배수와 최소공배수를 구하려고 합니다. □ 안에 알맞은 수를 써넣으세요.

- 4의 배수는 4, 8, ☐, ☐, ☐, ☐, ☐, ☐, ☐ ……입니다.
- 6의 배수는 6, 12, ☐, ☐, ☐, ☐, ☐ ……입니다.
- 4와 6의 공배수는 ☐, ☐, ☐ ……입니다.
- 4와 6의 최소공배수는 ☐ 입니다.

2 8과 12의 공배수와 최소공배수를 구해 보세요.

❶ 8과 12의 배수를 작은 수부터 차례대로 써 보세요.

8의 배수	8						……
12의 배수	12						……

❷ 위 ❶에서 8과 12의 공배수를 모두 찾아 ○표 하고, 최소공배수를 구해 보세요.

(   )

3 어떤 두 수의 최소공배수가 7일 때, 두 수의 공배수를 작은 수부터 5개 써 보세요.

(   )

4 10부터 60까지의 수 중에서 4의 배수이면서 6의 배수인 수는 모두 몇 개인지 풀이 과정을 쓰고 답을 구해 보세요.

풀이 _____

답 _____ 개

5 유진이와 모둠 친구들은 1부터 100까지의 수를 차례대로 말하면서 보기 와 같은 규칙으로 놀이를 하였습니다. 손뼉을 치면서 동시에 일어나야 하는 수를 모두 구해 보세요.

> 보기   • 8의 배수에서는 말하는 대신 손뼉을 칩니다.
>   • 12의 배수에서는 말하는 대신 자리에서 일어납니다.

(   )

6 긴 변의 길이가 5 cm이고 짧은 변의 길이가 3 cm인 직사각형 모양의 종이가 있습니다. 이 종이를 겹치지 않게 여러 장 이어 붙여 가장 작은 정사각형을 만들었습니다. 만든 정사각형의 한 변의 길이는 몇 cm인지 풀이 과정을 쓰고 답을 구해 보세요.

풀이 _____

답 _____ cm

최소공배수 구하는 방법 알아보기

두 수의 곱으로 나타낸 곱셈식을 이용하여 최소공배수 구하는 방법

두 수의 곱으로 나타낸 곱셈식에 공통으로 들어 있는 가장 큰 수와 남은 수를 곱하여 최소공배수를 구합니다.

$$12 = 3 \times ④ \qquad 20 = ④ \times 5$$
$$3 \times ④ \times 5 = 60 \implies 12와 20의 최소공배수$$

여러 수의 곱으로 나타낸 곱셈식을 이용하여 최소공배수 구하는 방법

여러 수의 곱으로 나타낸 곱셈식 중에서 공통으로 들어 있는 곱셈식에 남은 수를 곱하여 최소공배수를 구합니다.

$$30 = 3 \times 2 \times 5 \qquad 50 = 2 \times 5 \times 5$$
$$3 \times 2 \times 5 \times 5 = 150 \implies 30과 50의 최소공배수$$

두 수의 공약수를 이용하여 최소공배수 구하는 방법

두 수를 나눈 공약수와 밑에 남은 몫을 모두 곱하여 최소공배수를 구합니다.

$$
\begin{array}{r}
5\,) \underline{45 \quad 75} \\
3\,) \underline{9 \quad 15} \\
3 \quad 5
\end{array}
$$

$$5 \times 3 \times 3 \times 5 = 225 \implies 45와 75의 최소공배수$$

[1~3] 18과 30을 여러 수의 곱으로 나타낸 곱셈식을 보고 물음에 답하세요.

$18 = 1 \times 18$	$18 = 2 \times 9$	$18 = 3 \times 6$	$18 = 2 \times 3 \times 3$
$30 = 1 \times 30$ $\quad$ $30 = 2 \times 15$	$30 = 3 \times 10$	$30 = 5 \times 6$	$30 = 2 \times 3 \times 5$

1 18과 30의 최소공배수를 구하기 위한 두 수의 곱셈식을 써 보세요.

$$18 = 3 \times \boxed{} \qquad 30 = \boxed{} \times \boxed{}$$

2 18과 30의 최소공배수를 구하기 위한 여러 수의 곱셈식을 써 보세요.

$$18 = \boxed{} \times \boxed{} \times \boxed{}$$

$$30 = \boxed{} \times \boxed{} \times \boxed{}$$

3 18과 30의 최소공배수를 구해 보세요.

(   )

4 40과 60의 최소공배수를 구하려고 합니다. □ 안에 알맞은 수를 써넣으세요.

$$40 = 2 \times \boxed{} \qquad 60 = \boxed{} \times 3$$

➡ 최소공배수: $\boxed{} \times \boxed{} \times \boxed{} = \boxed{}$

5 15와 45의 최소공배수를 구하려고 합니다. □ 안에 알맞은 수를 써넣으세요.

$$\boxed{} \,)\; \underline{15 \quad 45}$$
$$\boxed{} \,)\; \underline{5 \quad 15}$$
$$\boxed{} \quad \boxed{}$$

➡ 최소공배수: $\boxed{} \times \boxed{} \times \boxed{} \times \boxed{} = \boxed{}$

연습 문제

[1~5] 약수를 모두 구해 보세요.

1 15의 약수 ➡ (   )

2 18의 약수 ➡ (   )

3 20의 약수 ➡ (   )

4 48의 약수 ➡ (   )

5 64의 약수 ➡ (   )

[6~10] 배수를 작은 수부터 5개 구해 보세요.

6 3의 배수 ➡ (   )

7 8의 배수 ➡ (   )

8 10의 배수 ➡ (   )

9 16의 배수 ➡ (   )

10 27의 배수 ➡ (   )

[11~16] 최대공약수를 구해 보세요.

11) 15 45

12) 16 40

13) 45 70

14) 18 56

15) 36 84

16) 27 54

[17~22] 최소공배수를 구해 보세요.

17) 24 56

18) 30 45

19) 9 12

20) 36 64

21) 15 90

22) 48 60

단원 평가

1 약수를 모두 구해 보세요.

① 32의 약수 ➡ (   )

② 28의 약수 ➡ (   )

2 어떤 수의 약수를 모두 쓴 것입니다. 어떤 수를 구해 보세요.

1	2	6	24	8	3	16	4	12	48

(   )

3 8의 배수를 모두 찾아 ○표 하세요.

24	28	32	36	40	44	48	54

4 15를 서로 다른 두 수의 곱으로 나타내고, 알맞은 말에 ○표 하세요.

$$15 = \square \times \square \qquad 15 = \square \times \square$$

15는 $\square$, $\square$, $\square$, $\square$ 의 (약수 , 배수)이고,

$\square$, $\square$, $\square$, $\square$ 은/는 15의 (약수 , 배수)입니다.

5 24와 36의 최대공약수를 두 가지 방법으로 구해 보세요.

방법 1 여러 수의 곱으로 나타낸 곱셈식 이용하기

24=

36=

➡ 최대공약수 :

방법 2 공약수 이용하기

$$) \overline{24 \quad 36}$$

➡ 최대공약수 :

6 두 수의 최소공배수를 구해 보세요.

18　　27

(　　　　　　　　　　)

7 다음 세 조건을 만족하는 수를 모두 구해 보세요.

- 3의 배수입니다.
- 40보다 크고 70보다 작습니다.
- 6의 배수가 아닙니다.

(　　　　　　　　　　)

8 지금부터 자명종 시계는 18분마다, 뻐꾸기 시계는 20분마다 울리게 합니다. 몇 시간마다 동시에 울리는지 풀이 과정을 쓰고 답을 구해 보세요.

풀이

답 ＿＿＿＿＿＿＿ 시간

실력 키우기

1 8의 배수도 되고 12의 배수도 되는 수 중에서 250에 가장 가까운 수를 구해 보세요.

(   )

2 약수의 개수가 가장 많은 수와 가장 적은 수를 각각 찾아 써 보세요.

12   17   21   36   50

가장 많은 수 (   ), 가장 적은 수 (   )

3 지수와 채은이가 다음과 같은 규칙으로 바둑돌을 70개씩 놓았을 때, 같은 자리에 검은 바둑돌을 놓는 경우는 모두 몇 번인가요?

지수 ○ ○ ● ○ ○ ● ○ ○ ● ○ ○ ● ○ ○ ●
채은 ○ ○ ○ ○ ● ○ ○ ○ ○ ● ○ ○ ○ ○ ●

(   )번

4 다음 대화를 읽고 민영이가 들고 있는 카드에 적힌 수를 구해 보세요.

> 민영: 내 카드에 적힌 수는 30보다 크고 55보다 작아.
> 준희: 그것만으로는 설명이 부족해.
> 민영: 9의 배수이고 72의 약수야.

(   )

5 가로가 30 cm, 세로가 16 cm인 직사각형 모양의 색종이를 겹치지 않게 여러 장 붙여서 가장 작은 정사각형을 만들려고 합니다. 직사각형 모양의 종이는 모두 몇 장 필요한지 풀이 과정을 쓰고 답을 구해 보세요.

풀이 _____

답 _____ 장

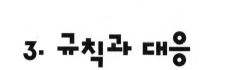

3. 규칙과 대응

- 두 양 사이의 관계 알아보기

- 대응 관계를 식으로 나타내는 방법 알아보기

- 생활 속에서 대응 관계를 찾아 식으로 나타내기

두 양 사이의 관계 알아보기

한 양이 변할 때 다른 양이 그에 따라 규칙적으로 변하는 관계를 대응 관계라고 합니다.

책상의 수(개)	1	2	3	4	5
책상 다리의 수(개)	4	8	12	16	20

- 책상이 1개씩 늘어날 때, 책상 다리는 4개씩 늘어납니다.
- 책상 다리의 수는 책상의 수의 4배입니다.

[1~2] 도형의 배열을 보고 물음에 답하세요.

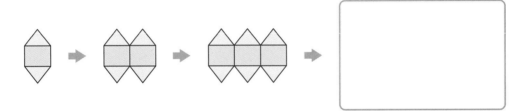

1 다음에 이어질 알맞은 모양을 위의 빈칸에 그려 보세요.

2 삼각형의 수와 사각형의 수 사이의 관계를 생각하며 □ 안에 알맞은 수를 써넣으세요.

❶ 삼각형이 10개일 때 필요한 사각형의 수는 [ ]개입니다.

❷ 삼각형이 40개일 때 필요한 사각형의 수는 [ ]개입니다.

[3~4] 마름모 조각과 삼각형 조각으로 대응 관계를 만들었습니다. 물음에 답하세요.

3 마름모 조각과 삼각형 조각의 수가 어떻게 변하는지 표를 이용하여 알아보세요.

마름모 조각(개)	1	2	3			......
삼각형 조각(개)						......

4 마름모 조각의 수와 삼각형 조각의 수 사이의 대응 관계를 써 보세요.

대응 관계 _____

5 표를 보고 □ 안에 알맞은 수를 써넣으세요.

자동차의 수(대)	1	2	3	4	5	......
바퀴의 수(개)	4	8	12	16	20	......

➡ 바퀴의 수는 자동차 수의 [ ]배입니다.

6 표를 완성하고 육각형의 수와 꼭짓점의 수 사이의 대응 관계를 써 보세요.

육각형의 수(개)	1	2	3	4	5	......
꼭짓점의 수(개)	6			24		......

대응 관계 _____

[7~8] 바둑돌이 규칙적으로 놓여 있습니다. 물음에 답하세요.

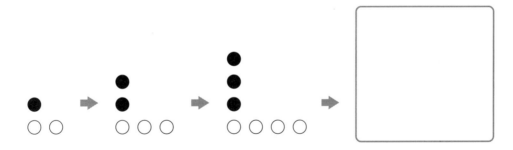

7 다음에 이어질 알맞은 모양을 위의 빈칸에 그려 보세요.

8 흰 바둑돌이 30개일 때 검정 바둑돌은 몇 개인지 풀이 과정을 쓰고 답을 구해 보세요.

풀이 _____

답 _____ 개

대응 관계를 식으로 나타내는 방법 알아보기

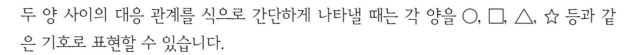

두 양 사이의 대응 관계를 식으로 간단하게 나타낼 때는 각 양을 ○, □, △, ☆ 등과 같은 기호로 표현할 수 있습니다.

책상의 수(개)	1	2	3	4	5
책상 다리의 수(개)	4	8	12	16	20

- 책상의 수를 ○, 책상 다리의 수를 ☆이라고 할 때, 두 양 사이의 대응 관계를 식으로 나타내면 ○×4＝☆ 또는 ☆÷4＝○입니다.

[1~3] 자동차의 수와 바퀴의 수 사이의 대응 관계를 찾고 기호를 이용하여 식으로 나타내려고 합니다. 물음에 답하세요.

1 자동차의 수와 바퀴의 수 사이의 대응 관계를 표를 이용하여 알아보세요.

자동차의 수(대)	1	2	5	8	10	15	……
바퀴의 수(개)	4	8	20				……

2 표를 통해 알 수 있는 두 양 사이의 대응 관계를 나타내려고 합니다. 알맞은 카드를 골라 식으로 나타내어 보세요.

식 _____

3 자동차의 수를 ○, 바퀴의 수를 △라고 할 때, 두 양 사이의 대응 관계를 식으로 나타내어 보세요.

식 _____

[4~6] 현재 지윤이의 나이는 11살이고, 언니의 나이는 14살입니다. 지윤이의 나이를 ◎, 언니의 나이를 □라고 할 때 물음에 답하세요.

4 두 양 사이의 대응 관계를 표를 이용하여 알아보세요.

◎	11	12	13	14	15	......
□	14					......

5 두 양 사이의 대응 관계를 식으로 나타내어 보세요.

식 _____

6 언니의 나이가 35살이 되면 지윤이의 나이는 몇 살이 되나요?

(   )살

[7~8] 피자를 한 판 만드는 데 치즈가 6개 필요합니다. 물음에 답하세요.

7 피자의 수와 치즈의 수 사이의 대응 관계를 표를 이용하여 알아보세요.

피자의 수(판)	1	2	3	4	5	6	......
치즈의 수(개)	6	12					......

8 피자의 수를 △, 치즈의 수를 ◇라고 할 때, 두 양 사이의 대응 관계를 식으로 나타내어 보세요.

식 _____

9 책꽂이 한 칸에 책이 5권씩 꽂혀 있습니다. 책꽂이의 칸수를 △, 책의 수를 ■라고 할 때, 두 양 사이의 대응 관계를 식으로 나타내어 보세요.

식 _____

생활 속에서 대응 관계를 찾아 식으로 나타내기

팔린 사탕의 수(개)	1	2	3	4	5
판매 금액(원)	300	600	900	1200	1500

팔린 사탕의 수를 ◇, 판매 금액을 ☆이라고 할 때, 두 양 사이의 대응 관계를
◇×300=☆ 또는 ☆÷300=◇로 나타낼 수 있습니다.

[1~3] 어느 날 서울과 방콕의 시각을 나타낸 표입니다. 물음에 답하세요.

서울 시각	오전 10시	오후 1시	오후 4시	오후 7시	오후 10시
방콕 시각	오전 8시	오전 11시			

1 위의 표를 완성해 보세요.

2 완성된 표를 보고 두 도시의 시각 사이의 대응 관계를 설명해 보세요.

[대응 관계] _____

3 서울의 시각을 ●, 방콕의 시각을 ☆이라고 할 때, 두 양 사이의 대응 관계를 식으로 나타내어 보세요.

[식] _____

4 사과를 한 바구니에 8개씩 담아 팔고 있습니다. 바구니의 수와 과일의 수 사이의 대응 관계를 나타낸 표를 완성하고, □ 안에 알맞은 수를 써넣으세요.

바구니의 수(개)	1	2	3	4
과일의 수(개)	8			

➡ (과일의 수)=(바구니의 수)×□

[5~7] 음료수 한 병에 들어 있는 설탕의 양은 20 g입니다. 물음에 답하세요.

5 음료수병의 수와 설탕의 양 사이의 대응 관계를 나타낸 표를 완성해 보세요.

음료수병의 수(개)	1	2	3	4	5	6
설탕의 양(g)						

6 음료수병의 수를 ☆, 설탕의 양을 ♡라고 할 때, 두 양 사이의 대응 관계를 식으로 나타내어 보세요.

식 _____

7 세 사람의 대화 중 <u>잘못</u> 이야기한 사람은 누구인지 쓰고, 이유를 설명해 보세요.

> 희수: 우리 가족 4명이 음료수를 한 병씩 다 마시면 설탕의 양은 모두 80 g이야.
> 지환: 음료수병의 수를 ○, 설탕의 양을 △로 고쳐서 식을 만들 수 있어.
> 도영: 설탕의 양은 음료수병의 수와 관계없이 변하는 양이야.

잘못 이야기한 사람 _____

이유 _____

8 올해 지훈이는 11살, 아버지는 43살입니다. 물음에 답하세요.

❶ 지훈이가 14살이 되면 아버지는 몇 살이 되나요?

(   )살

❷ 지훈이의 나이를 ■, 아버지의 나이를 ◎라고 할 때, 두 양 사이의 대응 관계를 식으로 나타내어 보세요.

식 _____

연습 문제

[1~7] 표를 완성하고 □ 안에 알맞은 수를 써넣으세요.

1

삼각형의 수(개)	2	4	6	……
사각형의 수(개)				……

➡ 삼각형의 수는 사각형의 수의 □ 배입니다.

2

삼각형의 수(개)	1	2	3	……
사각형의 수(개)				……

➡ 사각형의 수는 삼각형의 수의 □ 배입니다.

3

사각형의 수(개)	1	2	3	……
삼각형의 수(개)				……

➡ 삼각형의 수는 사각형의 수의 □ 배에 □ 를 더한 것과 같습니다.

4

 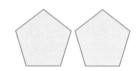 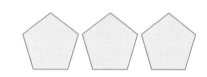 ......

사각형의 수(개)	1	2	3	4	5	......
변의 수(개)						......

➡ (변의 수) = (사각형의 수)× ☐

5

  ......

오각형의 수(개)	1	2	3	4	5	......
꼭짓점의 수(개)						......

➡ (꼭짓점의 수)=(오각형의 수)× ☐

6

   ......

단춧구멍의 수(개)	4	8	12	16	20	......
단추의 수(개)						......

➡ (단추의 수)=(단춧구멍의 수)÷ ☐

7

   ......

병아리의 수(마리)	1	2	3	4	5	......
병아리 다리의 수(개)						......

➡ (병아리 다리의 수)=(병아리의 수)× ☐

단원 평가

[1~2] 달리기한 시간과 소모된 열량 사이의 대응 관계를 알아보려고 합니다. 물음에 답하세요.

1 달리기한 시간과 소모된 열량 사이의 대응 관계를 표를 이용하여 알아보세요.

달리기한 시간(분)	5	10	15	20	25	30	……
소모된 열량(kcal)	40	80	120				……

2 달리기한 시간을 △, 소모된 열량을 □라고 할 때, 두 양 사이의 대응 관계를 식으로 나타내어 보세요.

식 _____

[3~4] 소연이의 나이와 연도 사이의 대응 관계를 알아보려고 합니다. 물음에 답하세요.

3 소연이의 나이와 연도 사이의 대응 관계를 표를 이용하여 알아보세요.

소연이의 나이(살)	연도(년)
5	
	2015
10	2018
	2020
22	
⋮	⋮

4 소연이의 나이를 ◎, 연도를 ◇라고 할 때, 두 양 사이의 대응 관계를 식으로 나타내어 보세요.

식 _____

[5~8] 규칙에 따라 공을 배열하고, 배열 순서에 따라 수 카드를 놓았습니다. 물음에 답하세요.

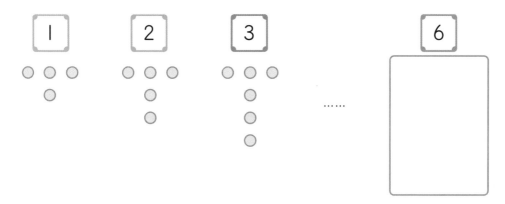

5 배열 순서에 따라 공의 수가 어떻게 변하는지 표를 완성해 보세요.

배열 순서	1	2	3	4	5	……
공의 수(개)	4	5				……

6 배열 순서를 ♡, 공의 수를 ☆이라고 할 때, 두 양 사이의 대응 관계를 식으로 나타내어 보세요.

식 _____

7 여섯째에 올 모양을 위의 빈칸에 그려 보세요.

8 공이 74개일 때, 배열 순서는 몇째인지 구해 보세요.

(   )

9 9월 1일의 서울의 시각과 런던의 시각을 나타낸 표입니다. 9월 5일 런던의 시각이 오후 5시일 때 서울은 몇 월 며칠 몇 시인지 구해 보세요.

서울의 시각	오후 5시	오후 6시	오후 7시	오후 8시	오후 9시
런던의 시각	오전 8시	오전 9시	오전 10시	오전 11시	오후 12시

(   )

실력 키우기

1 지우와 준혁이가 대응 관계 놀이를 하고 있습니다. 지우가 말한 수를 ♡, 준혁이가 답한 수를 ◎라고 할 때 준혁이가 만든 대응 관계를 식으로 나타내어 보세요.

식 _____

[2~4] 나라별 환율을 조사하여 나타낸 표입니다. 물음에 답하세요.

대한민국(원)	1200	2400	3600	4800	6000
미국(달러)	1	2	3	4	5

대한민국(원)	900	1800	2700	3600	4500
일본(엔)	100	200	300	400	500

2 미국 돈을 ○, 대한민국 돈을 ♡라고 할 때, 두 양 사이의 대응 관계를 식으로 나타내어 보세요.

식 _____

3 일본 돈을 □, 대한민국 돈을 ▽라고 할 때, 두 양 사이의 대응 관계를 식으로 나타내어 보세요.

식 _____

4 일본 돈 4000엔은 미국 돈으로 몇 달러인지 구해 보세요.

(   )달러

4. 약분과 통분

크기가 같은 분수 알아보기(1)

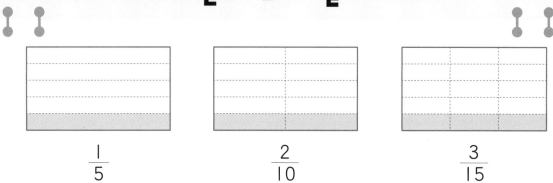

$\dfrac{1}{5}$ $\dfrac{2}{10}$ $\dfrac{3}{15}$

$\dfrac{1}{5}$, $\dfrac{2}{10}$, $\dfrac{3}{15}$ ……은 크기가 같은 분수입니다.

1 두 분수 $\dfrac{1}{3}$, $\dfrac{2}{6}$만큼 아래부터 색칠하고, 알맞은 말에 ◯표 하세요.

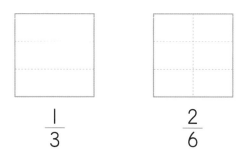

$\dfrac{1}{3}$ $\dfrac{2}{6}$

$\dfrac{1}{3}$과 $\dfrac{2}{6}$는 크기가 (같은 , 다른) 분수입니다.

[2~3] 분수만큼 색칠하고 크기가 같은 분수를 써 보세요.

2

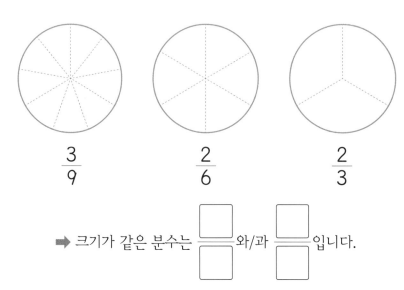

$\dfrac{3}{9}$ $\dfrac{2}{6}$ $\dfrac{2}{3}$

➡ 크기가 같은 분수는 $\dfrac{\square}{\square}$와/과 $\dfrac{\square}{\square}$입니다.

3

$\dfrac{4}{8}$

$\dfrac{2}{4}$

$\dfrac{3}{4}$

➡ 크기가 같은 분수는 $\dfrac{\Box}{\Box}$ 와/과 $\dfrac{\Box}{\Box}$ 입니다.

4 크기가 같은 분수입니다. 그림을 보고 □ 안에 알맞은 수를 써넣으세요.

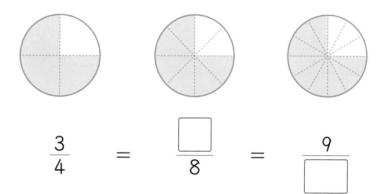

$\dfrac{3}{4}$ = $\dfrac{\Box}{8}$ = $\dfrac{9}{\Box}$

5 같은 양만큼 색칠하고, □ 안에 알맞은 수를 써넣으세요.

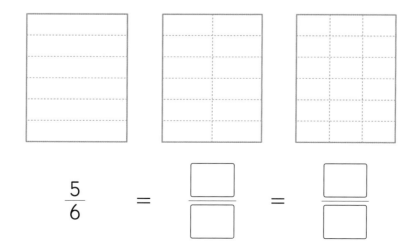

$\dfrac{5}{6}$ = $\dfrac{\Box}{\Box}$ = $\dfrac{\Box}{\Box}$

크기가 같은 분수 알아보기(2)

크기가 같은 분수를 만드는 방법

- 분모와 분자에 각각 0이 아닌 같은 수를 곱하면 크기가 같은 분수가 됩니다.
- 분모와 분자를 각각 0이 아닌 같은 수로 나누면 크기가 같은 분수가 됩니다.

$$\frac{1}{2} = \frac{2}{4} = \frac{3}{6} = \frac{4}{8}$$

$$\frac{8}{24} = \frac{4}{12} = \frac{2}{6} = \frac{1}{3}$$

[1~3] 그림을 보고 크기가 같은 분수가 되도록 □ 안에 알맞은 수를 써넣으세요.

1

$$\frac{1}{3}$$

$$\frac{1 \times \boxed{}}{3 \times \boxed{}}$$

$$\frac{1 \times \boxed{}}{3 \times \boxed{}}$$

2

$$\frac{3}{4}$$

$$\frac{3 \times \boxed{}}{4 \times \boxed{}}$$

$$\frac{3 \times \boxed{}}{4 \times \boxed{}}$$

3

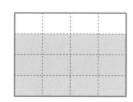 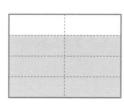 

$\dfrac{12}{16}$　　$\dfrac{12 \div \boxed{}}{16 \div \boxed{}}$　　$\dfrac{12 \div \boxed{}}{16 \div \boxed{}}$

4 □ 안에 알맞은 수를 써넣어 크기가 같은 분수를 만들어 보세요.

❶ $\dfrac{3}{5} = \dfrac{6}{\boxed{}} = \dfrac{9}{\boxed{}} = \dfrac{\boxed{}}{20}$

❷ $\dfrac{12}{48} = \dfrac{6}{\boxed{}} = \dfrac{\boxed{}}{16} = \dfrac{3}{\boxed{}} = \dfrac{1}{\boxed{}}$

5 $\dfrac{4}{6}$와 크기가 같은 분수를 모두 찾아 ○표 하세요.

$\dfrac{2}{3}$　　$\dfrac{10}{12}$　　$\dfrac{12}{18}$　　$\dfrac{20}{36}$　　$\dfrac{28}{42}$　　$\dfrac{16}{24}$

6 대화를 읽고 크기가 같은 분수를 같은 방법으로 구한 두 친구를 찾고, 어떤 방법으로 구했는지 써 보세요.

> 지혁: $\dfrac{3}{5}$과 크기가 같은 분수에는 $\dfrac{6}{10}$이 있어.
>
> 윤아: $\dfrac{4}{6}$와 크기가 같은 분수에는 $\dfrac{12}{18}$가 있어.
>
> 성문: $\dfrac{5}{10}$와 크기가 같은 분수에는 $\dfrac{1}{2}$이 있어.

같은 방법으로 구한 두 친구 _____

구한 방법 _____

분수를 간단하게 나타내어 보기

• 약분 알아보기

분모와 분자를 공약수로 나누어 간단한 분수로 만드는 것을 약분한다고 합니다.

$$\frac{4}{12} = \frac{4 \div 2}{12 \div 2} = \frac{2}{6} \qquad\qquad \frac{4}{12} = \frac{4 \div 4}{12 \div 4} = \frac{1}{3}$$

$$\frac{\overset{2}{\cancel{4}}}{\underset{6}{\cancel{12}}} = \frac{2}{6} \qquad\qquad\qquad \frac{\overset{1}{\cancel{4}}}{\underset{3}{\cancel{12}}} = \frac{1}{3}$$

• 기약분수 알아보기

분모와 분자의 공약수가 1뿐인 분수를 기약분수라고 합니다.

$$\frac{\overset{2}{\cancel{4}}}{\underset{6}{\cancel{12}}} = \frac{\overset{1}{\cancel{2}}}{\underset{3}{\cancel{6}}} = \frac{1}{3}$$

1 약분하여 만들 수 있는 분수를 모두 구해 보세요.

❶ $\dfrac{24}{36}$
❷ $\dfrac{15}{20}$

2 기약분수로 나타내려고 합니다. □ 안에 알맞은 수를 써넣으세요.

❶ $\dfrac{28}{49} = \dfrac{28 \div \Box}{49 \div \Box} = \dfrac{\Box}{\Box}$

❷ $\dfrac{24}{64} = \dfrac{24 \div \Box}{64 \div \Box} = \dfrac{\Box}{\Box}$

3 기약분수로 나타내어 보세요.

① $\dfrac{25}{40}$　　　　　　　**②** $\dfrac{21}{49}$　　　　　　　**③** $\dfrac{16}{20}$

4 기약분수가 <u>아닌</u> 분수를 모두 찾아 ○표 하세요.

$$\dfrac{2}{3} \qquad \dfrac{10}{15} \qquad \dfrac{7}{11} \qquad \dfrac{13}{26} \qquad \dfrac{14}{37} \qquad \dfrac{16}{24}$$

5 진분수 $\dfrac{\square}{8}$ 가 기약분수일 때, □ 안에 들어갈 수 있는 수를 모두 찾아 기호를 써 보세요.

$$\begin{array}{lll} ㉠\ 2 & ㉡\ 3 & ㉢\ 4 \\ ㉣\ 5 & ㉤\ 6 & ㉥\ 7 \end{array}$$

(　　　　　　　　　　　)

6 분모가 9인 진분수 중에서 기약분수를 모두 써 보세요.

(　　　　　　　　　　　)

7 $\dfrac{12}{36}$ 의 약분에 대해 옳게 말한 친구를 찾고, 그 이유를 써 보세요.

 지훈 : $\dfrac{12}{36}$ 를 약분하여 만들 수 있는 분수는 모두 2개야.

 산들 : $\dfrac{12}{36}$ 를 약분한 분수 중 분모와 분자가 두 번째로 큰 분수는 $\dfrac{6}{18}$ 이야.

 지윤 : $\dfrac{12}{36}$ 를 기약분수로 나타내면 $\dfrac{1}{3}$ 이야.

옳게 말한 친구 _____

이유 _____

분모가 같은 분수로 나타내기

통분과 공통분모 알아보기

분수의 분모를 같게 하는 것을 통분한다고 하고, 통분한 분모를 공통분모라고 합니다.

방법1 분모의 곱을 공통분모로 하여 통분하기

$$\left(\frac{1}{6}, \frac{5}{9}\right) \Rightarrow \left(\frac{1\times9}{6\times9}, \frac{5\times6}{9\times6}\right) \Rightarrow \left(\frac{9}{54}, \frac{30}{54}\right)$$

방법2 분모의 최소공배수를 공통분모로 하여 통분하기

$$\left(\frac{1}{6}, \frac{5}{9}\right) \Rightarrow \left(\frac{1\times3}{6\times3}, \frac{5\times2}{9\times2}\right) \Rightarrow \left(\frac{3}{18}, \frac{10}{18}\right)$$

➡ 분모가 작을 때는 두 분모의 곱을 공통분모로 하여 통분하는 것이 간단하고, 분모가 클 때는 두 분모의 최소공배수를 공통분모로 하여 통분하는 것이 편리합니다.

1 $\frac{1}{3}$과 $\frac{3}{4}$을 통분하려고 합니다. 물음에 답하세요.

❶ $\frac{1}{3}$, $\frac{3}{4}$과 각각 크기가 같은 분수를 분모가 작은 분수부터 차례로 7개씩 써 보세요.

$$\boxed{\frac{1}{3}} \Rightarrow \left(\frac{2}{6}, \quad, \quad, \quad, \quad, \quad, \quad\right)$$

$$\boxed{\frac{3}{4}} \Rightarrow \left(\frac{6}{8}, \quad, \quad, \quad, \quad, \quad, \quad\right)$$

❷ 분모가 같은 분수끼리 짝 지어 □ 안에 알맞은 수를 써넣으세요.

$$\left(\frac{1}{3}, \frac{3}{4}\right) \Rightarrow \left(\frac{\square}{12}, \frac{\square}{12}\right), \left(\frac{\square}{\square}, \frac{\square}{\square}\right)$$

2 $\dfrac{3}{8}$과 $\dfrac{5}{16}$를 통분하려고 합니다. □ 안에 알맞은 수를 써넣으세요.

❶ 분모의 곱을 공통분모로 하여 통분해 보세요.

$$\dfrac{3}{8} = \dfrac{3 \times \boxed{}}{8 \times 16} = \dfrac{\boxed{}}{\boxed{}} \qquad \dfrac{5}{16} = \dfrac{5 \times \boxed{}}{16 \times 8} = \dfrac{\boxed{}}{\boxed{}}$$

❷ 분모의 최소공배수를 공통분모로 하여 통분해 보세요.

$$\dfrac{3}{8} = \dfrac{3 \times \boxed{}}{8 \times 2} = \dfrac{\boxed{}}{\boxed{}} \qquad \dfrac{5}{16}$$

3 분모의 곱을 공통분모로 하여 통분해 보세요.

❶ $\left(\dfrac{1}{5} , \dfrac{3}{7} \right) \Rightarrow \left(\dfrac{\boxed{}}{35} , \dfrac{\boxed{}}{35} \right)$ 　　❷ $\left(\dfrac{5}{6} , \dfrac{6}{8} \right) \Rightarrow \left(\dfrac{\boxed{}}{48} , \dfrac{\boxed{}}{48} \right)$

4 분모의 최소공배수를 공통분모로 하여 통분해 보세요.

❶ $\left(\dfrac{3}{4} , \dfrac{1}{6} \right) \Rightarrow \left(\dfrac{\boxed{}}{12} , \dfrac{\boxed{}}{12} \right)$ 　　❷ $\left(\dfrac{5}{8} , \dfrac{7}{10} \right) \Rightarrow \left(\dfrac{\boxed{}}{\boxed{}} , \dfrac{\boxed{}}{\boxed{}} \right)$

5 두 분수를 통분하려고 합니다. 공통분모가 될 수 있는 수 중에서 100보다 작은 수를 모두 써 보세요.

$$\left(\dfrac{5}{6} , \dfrac{3}{8} \right)$$

(　　　　　　　　　　　　)

6 두 분수를 다음과 같이 통분했습니다. ㉠, ㉡, ㉢에 들어갈 알맞은 수를 써 보세요.

$$\left(\dfrac{4}{5} , \dfrac{7}{15} \right) \Rightarrow \left(\dfrac{36}{㉠} , \dfrac{㉡}{㉢} \right)$$

㉠ (　　　　　　　), ㉡ (　　　　　　　　　), ㉢ (　　　　　　)

분수의 크기 비교하기

분수의 크기를 비교하는 방법

• 분모가 다른 두 분수는 통분하여 분모를 같게 한 다음 분자의 크기를 비교합니다.

$$\left(\frac{1}{3}, \frac{2}{7}\right) \Rightarrow \left(\frac{1\times7}{3\times7}, \frac{2\times3}{7\times3}\right) \Rightarrow \left(\frac{7}{21}, \frac{6}{21}\right) \Rightarrow \frac{1}{3} > \frac{2}{7}$$

• 분모가 다른 세 분수는 두 분수씩 차례로 통분하여 크기를 비교합니다.

$$\left(\frac{1}{2}, \frac{2}{3}\right) \Rightarrow \left(\frac{3}{6}, \frac{4}{6}\right) \Rightarrow \frac{1}{2} < \frac{2}{3}$$
$$\left(\frac{2}{3}, \frac{3}{4}\right) \Rightarrow \left(\frac{8}{12}, \frac{9}{12}\right) \Rightarrow \frac{2}{3} < \frac{3}{4}$$
$$\frac{1}{2} < \frac{2}{3} < \frac{3}{4}$$

1 두 분수를 통분하여 크기를 비교해 보세요.

❶ $\left(\frac{3}{4}, \frac{4}{5}\right) \Rightarrow \left(\frac{\boxed{}}{\boxed{}}, \frac{\boxed{}}{\boxed{}}\right) \Rightarrow \frac{3}{4} \bigcirc \frac{4}{5}$

❷ $\left(\frac{13}{15}, \frac{5}{6}\right) \Rightarrow \left(\frac{\boxed{}}{\boxed{}}, \frac{\boxed{}}{\boxed{}}\right) \Rightarrow \frac{13}{15} \bigcirc \frac{5}{6}$

2 분수의 크기를 비교하여 ○ 안에 >, =, <를 알맞게 써넣으세요.

❶ $\frac{7}{16} \bigcirc \frac{3}{8}$

❷ $1\frac{4}{7} \bigcirc 1\frac{13}{21}$

❸ $\frac{4}{25} \bigcirc \frac{3}{10}$

3 세 분수 $\dfrac{3}{4}$, $\dfrac{5}{8}$, $\dfrac{11}{12}$의 크기를 비교해 보세요.

❶ 두 분수끼리 통분하여 크기를 비교해 보세요.

$$\left(\dfrac{3}{4}, \dfrac{5}{8}\right) \Rightarrow \left(\dfrac{\Box}{8}, \dfrac{\Box}{8}\right) \Rightarrow \dfrac{3}{4} \bigcirc \dfrac{5}{8}$$

$$\left(\dfrac{5}{8}, \dfrac{11}{12}\right) \Rightarrow \left(\dfrac{\Box}{24}, \dfrac{\Box}{24}\right) \Rightarrow \dfrac{5}{8} \bigcirc \dfrac{11}{12}$$

$$\left(\dfrac{3}{4}, \dfrac{11}{12}\right) \Rightarrow \left(\dfrac{\Box}{12}, \dfrac{\Box}{12}\right) \Rightarrow \dfrac{3}{4} \bigcirc \dfrac{11}{12}$$

❷ 크기가 큰 분수부터 차례대로 써 보세요.

(   )

4 세 분수의 크기를 비교하여 작은 분수부터 차례대로 써 보세요.

$$\left(\dfrac{3}{5}, \dfrac{7}{15}, \dfrac{12}{25}\right) \Rightarrow (\quad , \quad , \quad)$$

5 대화를 읽고 잘못 말한 친구를 찾고, 잘못된 점을 고쳐 보세요.

> 도윤 : 분모의 크기가 같을 때는 분자의 크기가 큰 분수가 더 큰 분수야.
>
> 지윤 : $\dfrac{5}{6}$와 $\dfrac{8}{9}$ 중에서 $\dfrac{5}{6}$가 더 큰 분수야.
>
> 슬기 : 분모의 크기가 다른 분수는 분모를 통분하여 크기를 비교하면 돼.

잘못 말한 친구 _____

잘못된 점 고치기 _____

분수와 소수의 크기 비교하기

분수와 소수의 크기를 비교하는 방법

• 분수를 소수로 나타내어 소수끼리 비교합니다.

$$\left(\frac{3}{5}, 0.5\right) \rightarrow \left(\frac{6}{10}, 0.5\right) \rightarrow (0.6, 0.5) \rightarrow \frac{3}{5} > 0.5$$

• 소수를 분수로 나타내어 분수끼리 비교합니다.

$$\left(\frac{3}{5}, 0.5\right) \rightarrow \left(\frac{3}{5}, \frac{5}{10}\right) \rightarrow \left(\frac{6}{10}, \frac{5}{10}\right) \rightarrow \frac{3}{5} > 0.5$$

1 □ 안에 알맞은 수를 써넣으세요.

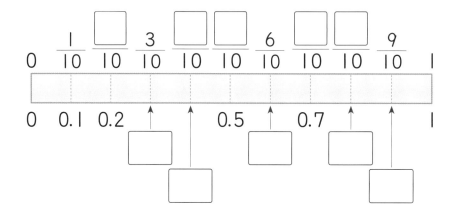

2 분수를 분모가 10 또는 100인 분수로 고치고, 소수로 나타내어 보세요.

❶ $\dfrac{2}{5} = \dfrac{2 \times \boxed{}}{5 \times \boxed{}} = \dfrac{\boxed{}}{\boxed{}} = \boxed{}$

❷ $\dfrac{1}{2} = \dfrac{1 \times \boxed{}}{2 \times \boxed{}} = \dfrac{\boxed{}}{\boxed{}} = \boxed{}$

❸ $\dfrac{3}{4} = \dfrac{3 \times \boxed{}}{4 \times \boxed{}} = \dfrac{\boxed{}}{\boxed{}} = \boxed{}$

[3~4] $\dfrac{56}{80}$과 $\dfrac{24}{40}$의 크기를 비교하려고 합니다. 물음에 답하세요.

3 두 분수를 약분하여 크기를 비교해 보세요.

$$\left(\dfrac{56}{80}, \dfrac{24}{40}\right) \Rightarrow \left(\dfrac{\boxed{}}{10}, \dfrac{\boxed{}}{10}\right) \Rightarrow \dfrac{56}{80} \bigcirc \dfrac{24}{40}$$

4 두 분수를 소수로 나타내어 크기를 비교해 보세요.

$$\left(\dfrac{56}{80}, \dfrac{24}{40}\right) \Rightarrow \left(\dfrac{\boxed{}}{10}, \dfrac{\boxed{}}{10}\right) \Rightarrow \boxed{} \bigcirc \boxed{} \Rightarrow \dfrac{56}{80} \bigcirc \dfrac{24}{40}$$

5 두 수의 크기를 비교하여 ○ 안에 >, =, <를 알맞게 써넣으세요.

❶ $\dfrac{1}{2}$ ◯ 0.5   ❷ $1\dfrac{1}{4}$ ◯ 1.5   ❸ 0.35 ◯ $\dfrac{3}{5}$

6 분수와 소수의 크기를 비교하여 큰 수부터 차례대로 써 보세요.

$$1\dfrac{3}{4} \qquad 0.75 \qquad \dfrac{3}{5} \qquad 1.6$$

(   )

7 수 카드가 4장 있습니다. 이 중에서 2장을 뽑아 진분수를 만들려고 합니다. 만들 수 있는 진분수 중 가장 큰 수를 소수로 나타내어 보세요.

$$\boxed{10} \quad \boxed{5} \quad \boxed{2} \quad \boxed{4}$$

(   )

연습 문제

[1~6] 크기가 같은 분수를 만들어 보세요.

1 $\dfrac{2}{3} = \dfrac{2 \times 2}{3 \times \boxed{}} = \dfrac{\boxed{}}{\boxed{}}$

2 $\dfrac{1}{2} = \dfrac{1 \times \boxed{}}{2 \times \boxed{}} = \dfrac{3}{\boxed{}}$

3 $\dfrac{3}{4} = \dfrac{3 \times \boxed{}}{4 \times \boxed{}} = \dfrac{\boxed{}}{24}$

4 $\dfrac{4}{9} = \dfrac{4 \times \boxed{}}{9 \times 3} = \dfrac{\boxed{}}{\boxed{}}$

5 $\dfrac{5}{12} = \dfrac{5 \times \boxed{}}{12 \times \boxed{}} = \dfrac{\boxed{}}{60}$

6 $\dfrac{3}{10} = \dfrac{3 \times \boxed{}}{10 \times \boxed{}} = \dfrac{15}{\boxed{}}$

[7~14] 기약분수로 나타내어 보세요.

7 $\dfrac{12}{20} = \dfrac{12 \div 4}{20 \div \boxed{}} = \dfrac{\boxed{}}{\boxed{}}$

8 $\dfrac{10}{16} = \dfrac{10 \div \boxed{}}{16 \div 2} = \dfrac{\boxed{}}{\boxed{}}$

9 $\dfrac{16}{36} = \dfrac{16 \div \boxed{}}{36 \div \boxed{}} = \dfrac{\boxed{}}{\boxed{}}$

10 $\dfrac{25}{100} = \dfrac{25 \div \boxed{}}{100 \div \boxed{}} = \dfrac{\boxed{}}{\boxed{}}$

11 $\dfrac{18}{48} = \dfrac{18 \div \boxed{}}{48 \div \boxed{}} = \dfrac{\boxed{}}{\boxed{}}$

12 $\dfrac{30}{45} = \dfrac{30 \div \boxed{}}{45 \div \boxed{}} = \dfrac{\boxed{}}{\boxed{}}$

13 $\dfrac{56}{72} = \dfrac{56 \div \boxed{}}{72 \div \boxed{}} = \dfrac{\boxed{}}{\boxed{}}$

14 $\dfrac{15}{27} = \dfrac{15 \div \boxed{}}{27 \div \boxed{}} = \dfrac{\boxed{}}{\boxed{}}$

[15~16] 분모의 곱을 공통분모로 하여 두 분수를 통분해 보세요.

15 $\left(\dfrac{1}{3}, \dfrac{12}{17}\right) \rightarrow ($, $)$ **16** $\left(\dfrac{5}{12}, \dfrac{2}{5}\right) \rightarrow ($, $)$

[17~18] 분모의 최소공배수를 공통분모로 하여 두 분수를 통분해 보세요.

17 $\left(\dfrac{3}{20}, \dfrac{8}{15}\right) \rightarrow ($, $)$ **18** $\left(\dfrac{8}{21}, \dfrac{5}{7}\right) \rightarrow ($, $)$

[19~20] 분수의 크기를 비교하여 ◯ 안에 >, =, <를 알맞게 써넣으세요.

19 $\left(\dfrac{3}{5}, \dfrac{1}{2}\right) \rightarrow \left(\dfrac{\boxed{}}{\boxed{}}, \dfrac{\boxed{}}{\boxed{}}\right) \rightarrow \dfrac{3}{5} \bigcirc \dfrac{1}{2}$

20 $\left(\dfrac{2}{9}, \dfrac{1}{6}\right) \rightarrow \left(\dfrac{\boxed{}}{\boxed{}}, \dfrac{\boxed{}}{\boxed{}}\right) \rightarrow \dfrac{2}{9} \bigcirc \dfrac{1}{6}$

[21~22] 세 분수의 크기를 비교하여 큰 분수부터 차례대로 써 보세요.

21 $\left(\dfrac{4}{5}, \dfrac{5}{8}, \dfrac{7}{9}\right) \rightarrow ($,   , $)$

22 $\left(\dfrac{7}{12}, \dfrac{5}{8}, \dfrac{9}{16}\right) \rightarrow ($,   , $)$

[23~25] 분수와 소수의 크기를 비교하여 ◯ 안에 >, =, <를 알맞게 써넣으세요.

23 $\dfrac{3}{20}$ $\bigcirc$ 0.4   **24** $\dfrac{9}{25}$ $\bigcirc$ 0.3   **25** $\dfrac{3}{4}$ $\bigcirc$ 0.8

단원 평가

1 $\frac{12}{16}$와 크기가 같은 분수를 모두 찾아 ○표 하세요.

$$\frac{3}{4} \qquad \frac{6}{8} \qquad \frac{3}{5} \qquad \frac{7}{10} \qquad \frac{24}{32} \qquad \frac{24}{36}$$

2 $\frac{3}{7}$과 크기가 같은 분수를 분모가 작은 것부터 차례대로 3개 써 보세요.

(   )

3 다음을 약분한 분수 중에서 분자가 10보다 크고, 30보다 작은 분수를 모두 써 보세요.

$$\frac{56}{84}$$

(   )

4 기약분수로 나타내어 보세요.

❶ $\frac{16}{18} = \dfrac{\square}{\square}$ ❷ $\frac{45}{81} = \dfrac{\square}{\square}$ ❸ $\frac{66}{121} = \dfrac{\square}{\square}$

5 두 분수를 통분해 보세요.

❶ $\left(\dfrac{7}{12}, \dfrac{3}{10} \right) \rightarrow \left(\dfrac{\square}{\square}, \dfrac{\square}{\square} \right)$ ❷ $\left(\dfrac{3}{5}, \dfrac{4}{7} \right) \rightarrow \left(\dfrac{\square}{\square}, \dfrac{\square}{\square} \right)$

6 분수의 크기를 비교하여 ○ 안에 >, =, <를 알맞게 써넣으세요.

❶ $\dfrac{7}{12}$ ◯ $\dfrac{11}{20}$　　**❷** $\dfrac{4}{7}$ ◯ $\dfrac{5}{9}$　　**❸** $1\dfrac{8}{25}$ ◯ $1\dfrac{2}{5}$

7 세 분수의 크기를 비교하여 큰 수부터 차례대로 써 보세요.

$$\dfrac{5}{8} \qquad \dfrac{4}{7} \qquad \dfrac{7}{13}$$

(   )

8 수 카드를 사용하여 $\dfrac{2}{9}$와 크기가 같은 분수를 만들어 써 보세요.

| 10 | 12 | 18 | 27 | 54 |

(   )

9 분수와 소수의 크기를 비교하여 ○ 안에 >, =, <를 알맞게 써넣으세요.

❶ 0.5 ◯ $\dfrac{1}{2}$　　**❷** $\dfrac{13}{20}$ ◯ 0.6　　**❸** $\dfrac{7}{15}$ ◯ 0.4

10 딸기가 세 접시에 같은 수만큼 담겨 있습니다. 딸기를 많이 먹은 사람부터 차례대로 이름을 써 보세요.

나는 한 접시에 있는 딸기의 $\dfrac{1}{2}$을 먹었어.

나는 한 접시에 있는 딸기의 $\dfrac{4}{7}$를 먹었어.

나는 한 접시에 있는 딸기의 $\dfrac{5}{9}$를 먹었어.

유민　　　　　아진　　　　　하늘

(   )

실력 키우기

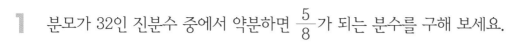

1 분모가 32인 진분수 중에서 약분하면 $\frac{5}{8}$가 되는 분수를 구해 보세요.

( )

2 어떤 두 기약분수를 통분하였더니 $\frac{15}{24}$와 $\frac{8}{24}$이 되었습니다. 통분하기 전의 두 기약분수를 구해 보세요.

( )

3 분모와 분자의 합이 10인 진분수 중에서 기약분수는 모두 몇 개인지 풀이 과정을 쓰고 답을 구해 보세요.

풀이 _____

답 _____ 개

4 건하, 지은, 도윤이는 각각 $1\frac{9}{25}$ L, 1.65 L, $1\frac{2}{5}$ L의 물을 받았습니다. 물을 많이 받은 사람부터 차례대로 이름을 써 보세요.

( )

5 수 카드가 4장 있습니다. 이 중 2장을 뽑아 한 번씩만 사용하여 진분수를 만들었을 때 기약분수를 모두 써 보세요.

| 2 | 3 | 5 | 6 |

( )

5. 분수의 덧셈과 뺄셈

분수의 덧셈(1)

받아올림이 없는 진분수의 덧셈 계산하기

• 두 분모의 곱을 공통분모로 하여 통분한 후 계산합니다.

$$\frac{1}{6} + \frac{3}{8} = \frac{1 \times 8}{6 \times 8} + \frac{3 \times 6}{8 \times 6} = \frac{8}{48} + \frac{18}{48} = \frac{\overset{13}{\cancel{26}}}{\underset{24}{\cancel{48}}} = \frac{13}{24}$$

• 두 분모의 최소공배수를 공통분모로 하여 통분한 후 계산합니다.

$$\frac{1}{6} + \frac{3}{8} = \frac{1 \times 4}{6 \times 4} + \frac{3 \times 3}{8 \times 3} = \frac{4}{24} + \frac{9}{24} = \frac{13}{24}$$

1 분수만큼 색칠하고 □ 안에 알맞은 수를 써넣어 $\frac{1}{4} + \frac{1}{8}$ 을 계산해 보세요.

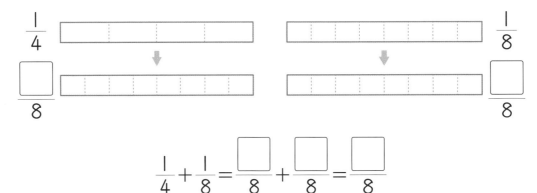

$$\frac{1}{4} + \frac{1}{8} = \frac{\square}{8} + \frac{\square}{8} = \frac{\square}{8}$$

2 □ 안에 알맞은 수를 써넣으세요.

❶ $\dfrac{1}{4} + \dfrac{2}{5} = \dfrac{1 \times \square}{4 \times 5} + \dfrac{2 \times \square}{5 \times \square} = \dfrac{\square}{20} + \dfrac{\square}{20} = \dfrac{\square}{\square}$

❷ $\dfrac{3}{8} + \dfrac{5}{12} = \dfrac{3 \times \square}{8 \times 3} + \dfrac{5 \times \square}{12 \times \square} = \dfrac{\square}{24} + \dfrac{\square}{24} = \dfrac{\square}{\square}$

3 보기와 같이 계산해 보세요.

보기

$$\frac{1}{4} + \frac{1}{8} = \frac{1 \times 8}{4 \times 8} + \frac{1 \times 4}{8 \times 4} = \frac{8}{32} + \frac{4}{32} = \frac{\overset{3}{\cancel{12}}}{\underset{8}{\cancel{32}}} = \frac{3}{8}$$

❶ $\frac{1}{3} + \frac{4}{9}$

❷ $\frac{3}{7} + \frac{5}{14}$

4 분수의 덧셈을 계산해 보세요.

❶ $\frac{5}{12} + \frac{1}{6}$

❷ $\frac{3}{8} + \frac{3}{9}$

5 계산 결과를 비교하여 ○ 안에 >, =, <를 알맞게 써넣으세요.

$$\frac{1}{4} + \frac{2}{5} \quad \bigcirc \quad \frac{1}{6} + \frac{1}{2}$$

6 영수는 다음과 같은 방법으로 레몬 음료를 만들었습니다. 영수가 만든 레몬 음료가 몇 L인지 구해 보세요.

〈레몬 음료 만드는 방법〉

❶ 컵에 레몬청 원액 $\frac{1}{4}$ L를 넣습니다.

❷ 레몬청 원액을 담은 컵에 물 $\frac{4}{7}$ L를 넣습니다.

(   ) L

분수의 덧셈(2)

받아올림이 있는 진분수의 덧셈 계산하기

- 두 분모의 곱을 공통분모로 하여 통분한 후 계산합니다.

$$\frac{3}{4}+\frac{7}{10}=\frac{3\times10}{4\times10}+\frac{7\times4}{10\times4}=\frac{30}{40}+\frac{28}{40}=\frac{58}{40}=1\frac{\overset{9}{\cancel{18}}}{\underset{20}{\cancel{40}}}=1\frac{9}{20}$$

- 두 분모의 최소공배수를 공통분모로 하여 통분한 후 계산합니다.

$$\frac{3}{4}+\frac{7}{10}=\frac{3\times5}{4\times5}+\frac{7\times2}{10\times2}=\frac{15}{20}+\frac{14}{20}=\frac{29}{20}=1\frac{9}{20}$$

1 분수만큼 색칠하고 □ 안에 알맞은 수를 써넣어 $\frac{3}{4}+\frac{5}{6}$ 를 계산해 보세요.

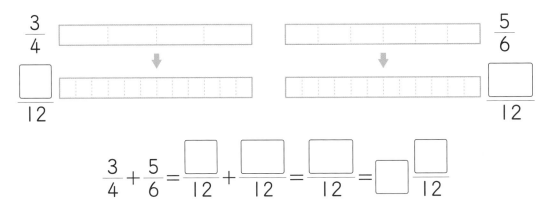

$$\frac{3}{4}+\frac{5}{6}=\frac{\square}{12}+\frac{\square}{12}=\frac{\square}{12}=\square\frac{\square}{12}$$

2 □ 안에 알맞은 수를 써넣으세요.

❶ $\dfrac{3}{4}+\dfrac{6}{7}=\dfrac{3\times\square}{4\times7}+\dfrac{6\times\square}{7\times\square}=\dfrac{\square}{28}+\dfrac{\square}{28}=\dfrac{\square}{\square}=\square\dfrac{\square}{\square}$

❷ $\dfrac{7}{8}+\dfrac{11}{12}=\dfrac{7\times\square}{8\times3}+\dfrac{11\times\square}{12\times\square}=\dfrac{\square}{24}+\dfrac{\square}{24}=\dfrac{\square}{\square}=\square\dfrac{\square}{\square}$

3 보기 와 같이 계산해 보세요.

보기 $\dfrac{4}{5} + \dfrac{7}{8} = \dfrac{4 \times 8}{5 \times 8} + \dfrac{7 \times 5}{8 \times 5} = \dfrac{32}{40} + \dfrac{35}{40} = \dfrac{67}{40} = 1\dfrac{27}{40}$

❶ $\dfrac{6}{7} + \dfrac{4}{5}$

❷ $\dfrac{8}{9} + \dfrac{5}{7}$

4 값이 같은 것끼리 이어 보세요.

$\dfrac{5}{6} + \dfrac{2}{3}$ •   • $1\dfrac{5}{8}$

$\dfrac{7}{8} + \dfrac{3}{4}$ •   • $1\dfrac{1}{2}$

$\dfrac{4}{5} + \dfrac{2}{3}$ •   • $1\dfrac{7}{15}$

5 승재는 주말농장에서 딸기를 $\dfrac{4}{5}$ kg 땄고, 방울토마토를 $\dfrac{9}{14}$ kg 땄습니다. 승재가 딴 딸기와 방울토마토의 무게는 모두 kg인지 식을 쓰고 답을 구해 보세요.

식 _____   답 _____ kg

6 계산 결과가 1보다 작은 것을 찾아 기호를 써 보세요.

ⓐ $\dfrac{1}{2} + \dfrac{2}{3}$ ⓑ $\dfrac{5}{12} + \dfrac{2}{7}$ ⓒ $\dfrac{1}{5} + \dfrac{5}{6}$

(   )

분수의 덧셈(3)

받아올림이 있는 대분수의 덧셈 계산하기

- 자연수는 자연수끼리, 분수는 분수끼리 더하여 계산합니다.

$$2\frac{3}{4}+3\frac{5}{6}=2\frac{9}{12}+3\frac{10}{12}=(2+3)+\left(\frac{9}{12}+\frac{10}{12}\right)$$
$$=5+\frac{19}{12}=5+1\frac{7}{12}=6\frac{7}{12}$$

- 대분수를 가분수로 나타내어 계산합니다.

$$2\frac{3}{4}+3\frac{5}{6}=\frac{11}{4}+\frac{23}{6}=\frac{33}{12}+\frac{46}{12}=\frac{79}{12}=6\frac{7}{12}$$

1 분수만큼 색칠하고 □ 안에 알맞은 수를 써넣어 $1\frac{5}{6}+1\frac{2}{3}$ 를 계산해 보세요.

 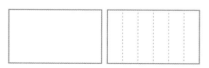

$$1\frac{5}{6} \qquad\qquad 1\frac{2}{3}=1\frac{\square}{6}$$

$$\Downarrow$$

$$1\frac{5}{6}+1\frac{2}{3}=(1+1)+\left(\frac{\square}{6}+\frac{\square}{6}\right)=\square+\frac{\square}{6}$$

$$=\square+\square\frac{\square}{6}=\square\frac{\square}{2}$$

2 □ 안에 알맞은 수를 써넣으세요.

❶ $1\dfrac{3}{4}+1\dfrac{2}{3}=1\dfrac{\boxed{}}{12}+1\dfrac{\boxed{}}{12}=2\dfrac{\boxed{}}{12}=\boxed{}\dfrac{\boxed{}}{12}$

❷ $1\dfrac{5}{6}+1\dfrac{7}{8}=1\dfrac{\boxed{}}{24}+1\dfrac{\boxed{}}{24}=2\dfrac{\boxed{}}{24}=\boxed{}\dfrac{\boxed{}}{24}$

3 $2\dfrac{5}{8}+1\dfrac{7}{9}$ 을 두 가지 방법으로 계산해 보세요.

방법 1 자연수는 자연수끼리, 분수는 분수끼리 계산하기

$$2\dfrac{5}{8}+1\dfrac{7}{9}=$$

방법 2 대분수를 가분수로 나타내어 계산하기

$$2\dfrac{5}{8}+1\dfrac{7}{9}=$$

4 계산해 보세요.

❶ $4\dfrac{6}{7}+3\dfrac{3}{5}$

❷ $6\dfrac{5}{6}+3\dfrac{3}{4}$

5 수 카드를 한 번씩만 사용하여 가장 큰 대분수와 가장 작은 대분수를 만들고 두 분수의 합을 구하려고 합니다. 풀이 과정을 쓰고 답을 구해 보세요.

  $\boxed{2}\quad\boxed{5}\quad\boxed{9}$

풀이 _____

답 _____

분수의 뺄셈(1)

받아내림이 없는 진분수의 뺄셈 계산하기

• 두 분모의 곱을 공통분모로 하여 통분한 후 계산합니다.

$$\frac{3}{4} - \frac{1}{6} = \frac{3 \times 6}{4 \times 6} - \frac{1 \times 4}{6 \times 4} = \frac{18}{24} - \frac{4}{24} = \frac{\overset{7}{\cancel{14}}}{\underset{12}{\cancel{24}}} = \frac{7}{12}$$

• 두 분모의 최소공배수를 공통분모로 하여 통분한 후 계산합니다.

$$\frac{3}{4} - \frac{1}{6} = \frac{3 \times 3}{4 \times 3} - \frac{1 \times 2}{6 \times 2} = \frac{9}{12} - \frac{2}{12} = \frac{7}{12}$$

1 분수만큼 색칠하고 □ 안에 알맞은 수를 써넣어 $\frac{3}{4} - \frac{1}{3}$ 을 계산해 보세요.

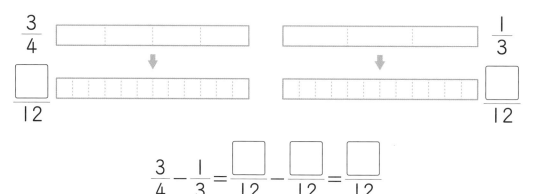

$$\frac{3}{4} - \frac{1}{3} = \frac{\square}{12} - \frac{\square}{12} = \frac{\square}{12}$$

2 □ 안에 알맞은 수를 써넣어 $\frac{9}{16} - \frac{5}{12}$ 를 계산해 보세요.

$$\frac{9}{16} - \frac{5}{12} = \frac{9 \times \square}{16 \times \square} - \frac{5 \times \square}{12 \times \square} = \frac{\square}{48} - \frac{\square}{48} = \frac{\square}{48}$$

3 보기 와 같이 계산해 보세요.

보기 $\dfrac{3}{5} - \dfrac{2}{7} = \dfrac{3 \times 7}{5 \times 7} - \dfrac{2 \times 5}{7 \times 5} = \dfrac{21}{35} - \dfrac{10}{35} = \dfrac{11}{35}$

❶ $\dfrac{7}{9} - \dfrac{3}{7}$

❷ $\dfrac{4}{5} - \dfrac{1}{6}$

4 계산해 보세요.

❶ $\dfrac{3}{5} - \dfrac{1}{4}$

❷ $\dfrac{5}{6} - \dfrac{5}{18}$

5 계산 결과를 비교하여 ○ 안에 >, =, <를 알맞게 써넣으세요.

$\dfrac{3}{4} - \dfrac{1}{6}$ ◯ $\dfrac{5}{8} - \dfrac{1}{2}$

6 다음이 나타내는 수를 구해 보세요.

$\dfrac{7}{8}$ 보다 $\dfrac{5}{12}$ 작은 수

(   )

7 길이가 $\dfrac{9}{10}$ m인 끈이 있습니다. 그중에서 $\dfrac{5}{6}$ m를 사용하여 상자를 묶었다면 남은 끈의 길이는 몇 m인지 식을 쓰고 답을 구해 보세요.

식 _____ 답 _____ m

분수의 뺄셈(2)

받아내림이 없는 대분수의 뺄셈 계산하기

- 자연수는 자연수끼리, 분수는 분수끼리 빼서 계산합니다.

$$2\frac{2}{5}-1\frac{1}{4}=2\frac{8}{20}-1\frac{5}{20}=(2-1)+\left(\frac{8}{20}-\frac{5}{20}\right)$$
$$=1+\frac{3}{20}=1\frac{3}{20}$$

- 대분수를 가분수로 나타내어 계산합니다.

$$2\frac{2}{5}-1\frac{1}{4}=\frac{12}{5}-\frac{5}{4}=\frac{48}{20}-\frac{25}{20}=\frac{23}{20}=1\frac{3}{20}$$

1 분수만큼 색칠하고 □ 안에 알맞은 수를 써넣어 $2\frac{1}{2}-1\frac{1}{3}$ 을 계산해 보세요.

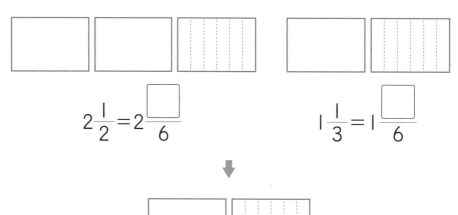

$$2\frac{1}{2}=2\frac{\square}{6} \qquad 1\frac{1}{3}=1\frac{\square}{6}$$

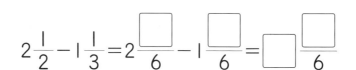

$$2\frac{1}{2}-1\frac{1}{3}=2\frac{\square}{6}-1\frac{\square}{6}=\square\frac{\square}{6}$$

2 □ 안에 알맞은 수를 써넣어 $3\frac{2}{3}-1\frac{3}{7}$ 을 계산해 보세요.

$$3\frac{2}{3}-1\frac{3}{7}=3\frac{\square}{21}-1\frac{\square}{21}=(3-1)+\left(\frac{\square}{21}-\frac{\square}{21}\right)=\square\frac{\square}{21}$$

3 $4\frac{11}{12} - 2\frac{7}{8}$ 을 두 가지 방법으로 계산해 보세요.

방법 1 자연수는 자연수끼리, 분수는 분수끼리 계산하기

$$4\frac{11}{12} - 2\frac{7}{8} =$$

방법 2 대분수를 가분수로 나타내어 계산하기

$$4\frac{11}{12} - 2\frac{7}{8} =$$

4 계산 결과를 비교하여 ◯ 안에 >, =, <를 알맞게 써넣으세요.

$$3\frac{3}{8} - 2\frac{1}{9} \quad \bigcirc \quad 2\frac{5}{6} - 1\frac{5}{8}$$

5 □ 안에 알맞은 분수를 구해 보세요.

$$5\frac{7}{18} - \square = 4\frac{1}{12}$$

(   )

6 지훈이는 하루에 우유 $3\frac{3}{4}$ 컵을 마시기로 했습니다. 오전에 $1\frac{7}{12}$ 컵을 마셨다면 오후에 얼마나 더 마셔야 하는지 식을 쓰고 답을 구해 보세요.

식 _____   답 _____ 컵

분수의 뺄셈(3)

받아내림이 있는 대분수의 뺄셈 계산하기

- 자연수는 자연수끼리, 분수는 분수끼리 빼서 계산합니다. 빼지는 수의 분수 부분이 빼는 수의 분수 부분보다 작을 때는 자연수에서 1을 받아내림하여 계산합니다.

$$5\frac{1}{3}-3\frac{1}{2}=5\frac{2}{6}-3\frac{3}{6}=4\frac{8}{6}-3\frac{3}{6}$$

$$=(4-3)+\left(\frac{8}{6}-\frac{3}{6}\right)=1+\frac{5}{6}=1\frac{5}{6}$$

- 대분수를 가분수로 나타내어 계산합니다.

$$5\frac{1}{3}-3\frac{1}{2}=\frac{16}{3}-\frac{7}{2}=\frac{32}{6}-\frac{21}{6}=\frac{11}{6}=1\frac{5}{6}$$

1 분수만큼 색칠하고 □ 안에 알맞은 수를 써넣어 $2\frac{1}{6}-1\frac{2}{3}$ 를 계산해 보세요.

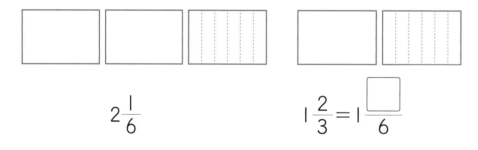

$$2\frac{1}{6} \qquad\qquad 1\frac{2}{3}=1\frac{\square}{6}$$

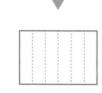

$$2\frac{1}{6}-1\frac{2}{3}=2\frac{\square}{6}-1\frac{\square}{6}=1\frac{\square}{6}-1\frac{\square}{6}=\frac{\square}{6}=\frac{\square}{2}$$

2 □ 안에 알맞은 수를 써넣어 $4\frac{1}{5}-2\frac{1}{3}$ 을 계산해 보세요.

$$4\frac{1}{5}-2\frac{1}{3}=\frac{\square}{5}-\frac{\square}{3}=\frac{\square}{15}-\frac{\square}{15}=\frac{\square}{15}=\square\frac{\square}{15}$$

3 계산해 보세요.

❶ $6\dfrac{1}{12}-3\dfrac{7}{8}$

❷ $4\dfrac{2}{7}-2\dfrac{16}{21}$

4 $4\dfrac{3}{8}-2\dfrac{15}{16}$ 를 두 가지 방법으로 계산해 보세요.

> **방법 1** 자연수는 자연수끼리, 분수는 분수끼리 계산하기
>
> $4\dfrac{3}{8}-2\dfrac{15}{16}=$

> **방법 2** 대분수를 가분수로 나타내어 계산하기
>
> $4\dfrac{3}{8}-2\dfrac{15}{16}=$

5 ㉠에 알맞은 수를 구해 보세요.

$$\boxed{㉠} \xrightarrow{+2\frac{7}{9}} \boxed{} \xrightarrow{+3\frac{4}{5}} \boxed{8\frac{1}{9}}$$

(   )

6 같은 양의 물이 담긴 두 비커에 소금의 양을 다르게 하여 소금물을 만들었습니다. ㉮ 비커에는 소금을 $3\dfrac{5}{18}$ g 넣었고, ㉯ 비커에는 ㉮ 비커보다 $1\dfrac{7}{9}$ g 적게 소금을 넣었습니다. ㉯ 비커에 넣은 소금의 양은 몇 g인지 식을 쓰고 답을 구해 보세요.

식 _____   **답** _____ g

연습 문제

[1~16] 분수의 덧셈을 계산해 보세요.

1 $\dfrac{1}{2} + \dfrac{2}{3}$

2 $\dfrac{1}{5} + \dfrac{1}{4}$

3 $\dfrac{3}{7} + \dfrac{3}{8}$

4 $\dfrac{5}{6} + \dfrac{2}{9}$

5 $\dfrac{7}{12} + \dfrac{3}{18}$

6 $\dfrac{5}{8} + \dfrac{5}{12}$

7 $\dfrac{2}{3} + \dfrac{4}{5}$

8 $\dfrac{8}{21} + \dfrac{9}{14}$

9 $2\dfrac{2}{3} + 1\dfrac{1}{6}$

10 $4\dfrac{3}{4} + 2\dfrac{3}{5}$

11 $1\dfrac{9}{10} + 1\dfrac{8}{15}$

12 $1\dfrac{7}{18} + 2\dfrac{11}{15}$

13 $2\dfrac{2}{7} + 1\dfrac{5}{21}$

14 $2\dfrac{5}{8} + 2\dfrac{7}{24}$

15 $3\dfrac{1}{5} + 2\dfrac{2}{15}$

16 $1\dfrac{3}{4} + 2\dfrac{4}{7}$

[17~32] 분수의 뺄셈을 계산해 보세요.

17 $\dfrac{4}{5} - \dfrac{1}{2}$

18 $\dfrac{5}{6} - \dfrac{4}{9}$

19 $\dfrac{3}{4} - \dfrac{1}{6}$

20 $\dfrac{7}{8} - \dfrac{4}{5}$

21 $\dfrac{8}{9} - \dfrac{7}{12}$

22 $\dfrac{7}{8} - \dfrac{5}{16}$

23 $\dfrac{6}{7} - \dfrac{2}{5}$

24 $\dfrac{3}{4} - \dfrac{3}{14}$

25 $3\dfrac{3}{5} - 2\dfrac{1}{4}$

26 $3\dfrac{2}{7} - 2\dfrac{1}{2}$

27 $3\dfrac{2}{3} - 1\dfrac{4}{5}$

28 $4\dfrac{2}{9} - 2\dfrac{5}{6}$

29 $3\dfrac{2}{15} - 1\dfrac{3}{5}$

30 $2\dfrac{1}{3} - 1\dfrac{4}{7}$

31 $4\dfrac{1}{6} - 1\dfrac{3}{4}$

32 $3\dfrac{5}{12} - 1\dfrac{15}{16}$

단원 평가

1 빈칸에 알맞은 수를 써넣으세요.

$\frac{6}{7}$	$\frac{3}{4}$	
$\frac{2}{5}$	$\frac{1}{4}$	

2 □ 안에 알맞은 수를 써넣으세요.

$$1\frac{1}{4}+1\frac{2}{5}=1\frac{1\times5}{4\times5}+1\frac{2\times\square}{5\times\square}=1\frac{\square}{\square}+1\frac{\square}{\square}=2\frac{\square}{\square}$$

3 보기 와 같이 계산해 보세요.

보기
$$2\frac{3}{4}-1\frac{8}{9}=\frac{11}{4}-\frac{17}{9}=\frac{99}{36}-\frac{68}{36}=\frac{31}{36}$$

$$2\frac{5}{8}-1\frac{4}{5}$$

4 계산 결과를 비교하여 ○ 안에 >, =, <를 알맞게 써넣으세요.

$$1\frac{3}{7}+1\frac{4}{5} \bigcirc 5\frac{1}{4}-1\frac{5}{6}$$

5 계산 결과가 큰 것부터 차례대로 기호를 써 보세요.

$$\text{㉠ } \frac{2}{7}+\frac{3}{5} \qquad \text{㉡ } \frac{1}{6}+\frac{1}{12} \qquad \text{㉢ } 1\frac{7}{10}-\frac{4}{5}$$

(   )

6 계산 결과가 가장 크게 되도록 두 분수를 골라 뺄셈식을 만들고 계산해 보세요.

$$\frac{3}{16} \qquad 1\frac{1}{5} \qquad \frac{1}{4}$$

식 _____ 답 _____

7 □ 안에 알맞은 수를 구해 보세요.

$$\frac{3}{4}-\frac{\square}{24}=\frac{3}{8}$$

(   )

8 장미 마을에서 수련 마을을 거쳐 백합 마을까지 다니던 것이 너무 멀어서 장미 마을에서 백합 마을까지 바로 갈 수 있는 터널을 새로 만들었습니다. 얼마나 가까워졌는지 구해 보세요.

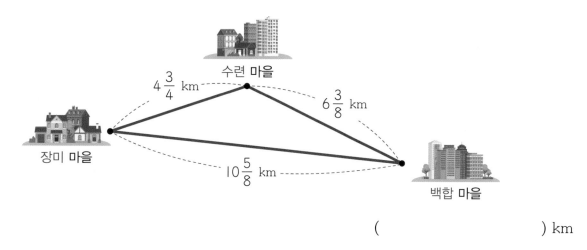

(   ) km

실력 키우기

1 어떤 수에 $1\frac{3}{5}$을 더해야 할 것을 잘못하여 뺐더니 $1\frac{7}{12}$이 되었습니다. 바르게 계산한 값은 얼마인지 풀이 과정을 쓰고 답을 구해 보세요.

풀이 _____

답 _____

2 □ 안에 들어갈 수 있는 자연수를 모두 써 보세요.

$$\frac{\square}{5} < \frac{1}{2} + \frac{7}{10}$$

(   )

3 계산 결과가 가장 크게 되도록 두 분수를 골라 덧셈식을 만들고 계산해 보세요.

$$1\frac{7}{10} \qquad 1\frac{4}{5} \qquad 1\frac{1}{2}$$

식 _____   답 _____

4 길이가 다른 색 테이프 2장을 $\frac{4}{9}$ cm만큼 겹치게 이어 붙였습니다. 이어 붙인 색 테이프 전체의 길이는 몇 cm인지 식을 쓰고 답을 구해 보세요.

$1\frac{1}{3}$ cm $1\frac{11}{12}$ cm

식 _____   답 _____ cm

6. 다각형의 둘레와 넓이

정다각형의 둘레 구하기

정다각형의 둘레 구하는 방법 알아보기

• 각 변의 길이를 모두 더합니다.

> 한 변이 3 cm인 정삼각형의 둘레 ➡ 3+3+3=9 (cm)

• 한 변의 길이를 변의 수만큼 곱합니다.

> (정다각형의 둘레)＝(한 변의 길이)×(변의 수)

1 다혜와 영주가 정오각형의 둘레를 구하고 있습니다. □ 안에 알맞은 수를 써넣으세요.

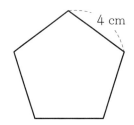

4 cm

 다혜 : 변의 길이를 모두 더하면 4+□+□+□+□=□ (cm)야.

 영주 : (정다각형의 둘레)＝(한 변의 길이)×(변의 수)이므로 4×□=□ (cm)야.

2 정다각형의 둘레를 구해 보세요.

❶
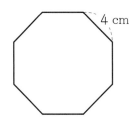
4 cm

(   ) cm

❷
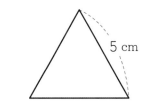
5 cm

(   ) cm

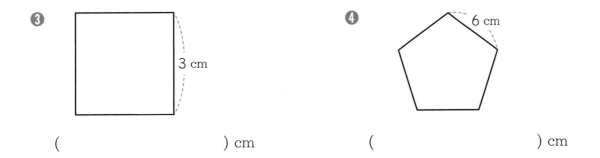

❸ 3 cm

(   ) cm

❹ 6 cm

(   ) cm

3 태권도 경기장은 한 변의 길이가 11 m인 정사각형 모양입니다. 태권도 경기장의 둘레를 바르게 구한 사람은 누구인지 써 보세요.

(   )

4 정육각형의 둘레가 24 cm일 때 한 변의 길이는 몇 cm인지 구해 보세요.

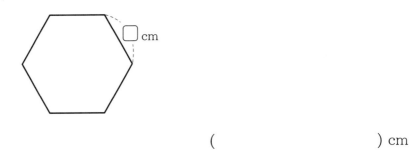

(   ) cm

5 둘레가 32 cm인 정사각형을 그려 보세요.

사각형의 둘레 구하기

- **직사각형의 둘레 구하는 방법 알아보기**

  (직사각형의 둘레)=(가로)×2+(세로)×2
  =((가로)+(세로))×2

- **평행사변형의 둘레 구하는 방법 알아보기**

  (평행사변형의 둘레)=(한 변의 길이)×2+(다른 한 변의 길이)×2
  =((한 변의 길이)+(다른 한 변의 길이))×2

- **마름모와 정사각형의 둘레 구하는 방법 알아보기**

  (마름모의 둘레)=(한 변의 길이)×4
  (정사각형의 둘레)=(한 변의 길이)×4

1 영호가 직사각형의 둘레를 구하고 있습니다. □ 안에 알맞은 수를 써넣으세요.

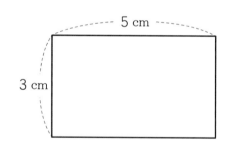

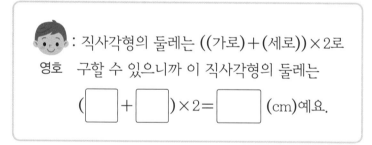

영호 : 직사각형의 둘레는 ((가로)+(세로))×2로 구할 수 있으니까 이 직사각형의 둘레는

(□ + □)×2= □ (cm)예요.

2 평행사변형의 둘레를 구해 보세요.

❶
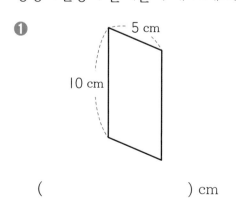

(   ) cm

❷
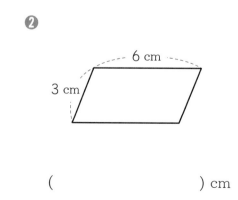

(   ) cm

3 마름모의 둘레를 구해 보세요.

❶
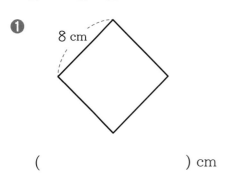
8 cm

(   ) cm

❷
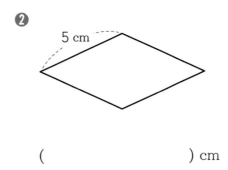
5 cm

(   ) cm

4 직사각형의 둘레가 32 cm일 때, ☐ 안에 알맞은 수를 써넣으세요.

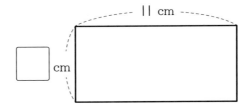
11 cm
☐ cm

5 평행사변형과 마름모의 둘레가 각각 40 cm일 때, ☐ 안에 알맞은 수를 써넣으세요.

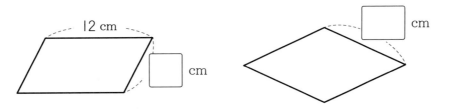
12 cm
☐ cm
☐ cm

6 주어진 선분을 한 변으로 하여, 둘레가 각각 24 cm인 직사각형 2개를 완성해 보세요.

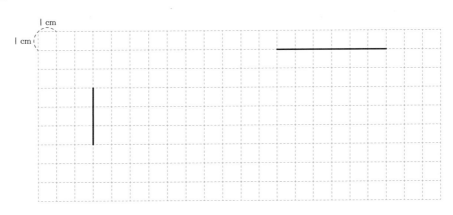
1 cm
1 cm

1 cm² 알아보기

넓이를 나타낼 때 한 변의 길이가 1 cm인 정사각형의 넓이를 단위로 사용할 수 있습니다.
이 정사각형의 넓이를 1 cm²라 쓰고 1 제곱센티미터라고 읽습니다.

1 cm
1 cm 1 cm²

1 주어진 넓이를 쓰고 읽어 보세요.

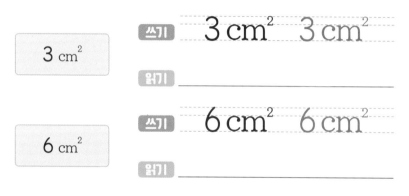

3 cm²

쓰기　3 cm²　3 cm²

읽기 _____

6 cm²

쓰기　6 cm²　6 cm²

읽기 _____

2 넓이가 10 cm²인 것을 모두 찾아 ○표 하세요.

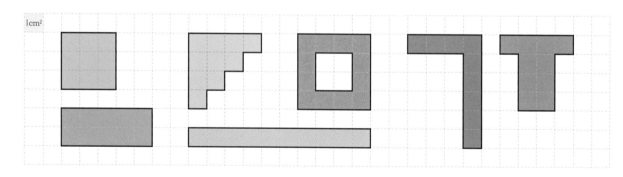

1 cm²

3 □ 안에 알맞은 수를 써넣으세요.

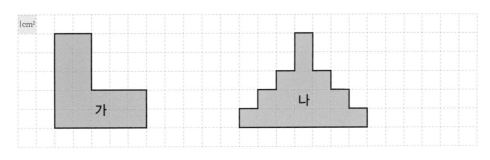

➡ 도형 나는 도형 가보다 넓이가 [ ] cm² 더 넓습니다.

[4~6] 조각 맞추기 놀이를 하고 있습니다. 물음에 답하세요.

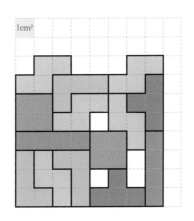

4 ⬛로 채워진 부분의 넓이는 모두 몇 cm²인지 구해 보세요.

(   ) cm²

5 ⬛로 채워진 부분의 넓이는 모두 몇 cm²인지 구해 보세요.

(   ) cm²

6 모양 조각이 차지하는 부분의 넓이는 모두 몇 cm²인지 구해 보세요.

(   ) cm²

직사각형의 넓이 구하기

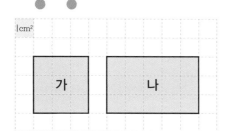

직사각형	가로(cm)	세로(cm)	넓이(cm²)
가	3	3	9
나	5	3	15

• (직사각형의 넓이)=(가로)×(세로)

• (정사각형의 넓이)=(한 변의 길이)×(한 변의 길이)

[1~2] 직사각형을 보고 □ 안에 알맞은 수를 써넣으세요.

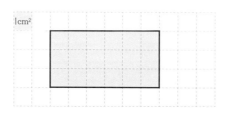

1 가 직사각형의 가로에 ☐ 개, 세로에 ☐ 개 있습니다.

2 직사각형의 넓이는 ☐ × ☐ = ☐ (cm²)입니다.

3 직사각형의 넓이를 구해 보세요.

❶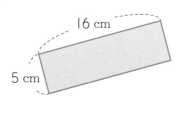

(   ) cm²

❷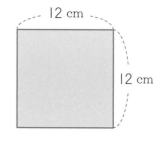

(   ) cm²

4 넓이가 가장 넓은 직사각형을 찾아 기호를 써 보세요.

> ㉠ 가로 13 cm, 세로 10 cm인 직사각형
> ㉡ 가로 11 cm, 세로 12 cm인 직사각형
> ㉢ 가로 9 cm, 세로 14 cm인 직사각형

(   )

[5~6] 직사각형을 보고 물음에 답하세요.

1 cm² / 첫째 / 둘째 / 셋째 / 넷째

5 아래의 표를 완성해 보세요

직사각형	첫째	둘째	셋째	넷째
가로(cm)	2			
세로(cm)	2			
넓이(cm²)				

6 위와 같은 규칙에 따라 직사각형을 계속 그렸을 때, 옳은 문장에 ○표 하세요.

• 세로의 길이는 모두 같습니다. (   )

• 가로가 1 cm만큼 커지면 넓이도 1 cm²만큼 커집니다. (   )

• 다섯째 직사각형의 넓이는 12 cm²입니다. (   )

7 정사각형의 넓이가 49 cm²일 때, 정사각형 한 변의 길이는 몇 cm인지 풀이 과정을 쓰고 답을 구해 보세요.

풀이 _____ 답 _____ cm

1 cm²보다 더 큰 넓이의 단위 알아보기

• **1 m² 알아보기**

넓이를 나타낼 때 한 변의 길이가 1 m인 정사각형의 넓이를 단위로 사용할 수 있습니다.
이 정사각형의 넓이를 1 m²라 쓰고 1 제곱미터라고 읽습니다.

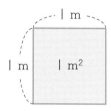

$$1 \text{ m}^2 = \boxed{10000} \text{ cm}^2$$

• **1 km² 알아보기**

넓이를 나타낼 때 한 변의 길이가 1 km인 정사각형의 넓이를 단위로 사용할 수 있습니다.
이 정사각형의 넓이를 1 km²라 쓰고, 1 제곱킬로미터라고 읽습니다.

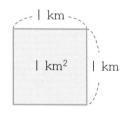

$$1 \text{ km}^2 = \boxed{1000000} \text{ m}^2$$

1 주어진 넓이를 쓰고 읽어 보세요.

2 m²		5 km²

쓰기 2 m² 2 m² 쓰기 5 km² 5 km²

읽기 _____ 읽기 _____

2 □ 안에 알맞은 수를 써넣으세요.

• 1 m² = ☐ cm²   • 50000 cm² = ☐ m²

• 2000000 m² = ☐ km²   • 4 km² = ☐ m²

3 직사각형의 넓이를 구해 보세요.

❶ 600 cm
   6 m

(   ) m²

❷ 4 km
   6000 m

(   ) km²

4 주어진 사각형에는 1 km²가 몇 번 들어가는지 □ 안에 알맞은 수를 써 보세요.

❶ 4 km
   4000 m

  1 km²가 [   ] 번

❷ 8000 m
   6000 m

  1 km²가 [   ] 번

5 정사각형 가와 직사각형 나의 넓이의 차는 몇 km²인지 구해 보세요.

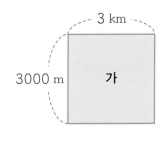

3 km
3000 m   가

4000 m
나   2 km

(   ) km²

6 보기 에서 알맞은 단위를 골라 □ 안에 써넣으세요.

보기   m²   km²   cm²

• 축구 경기장의 넓이는 680 [   ] 입니다.

• 서울특별시의 넓이는 605 [   ] 입니다.

• 수학 익힘책의 넓이는 300 [   ] 입니다.

평행사변형의 넓이 구하기

• **평행사변형의 구성 요소 알아보기**

평행사변형에서 평행한 두 변을 밑변이라고 하고, 두 밑변 사이의 거리를 높이라고 합니다.

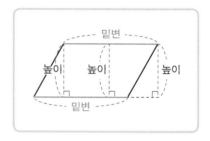

• **평행사변형의 넓이 구하는 방법**

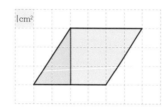 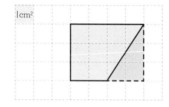

(평행사변형의 넓이)＝(직사각형의 넓이)＝(가로)×(세로)

➡ (평행사변형의 넓이)＝(밑변의 길이)×(높이)

1 보기 와 같이 평행사변형의 높이를 표시해 보세요.

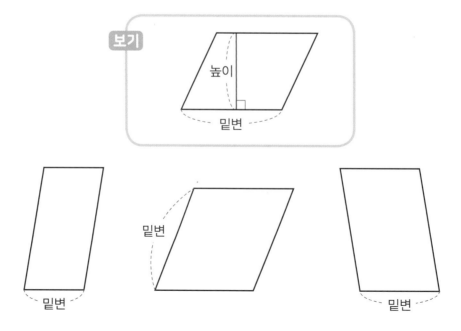

2 보기에서 알맞은 말을 골라 □ 안에 써넣으세요.

보기   사다리꼴   직사각형   삼각형   세로   높이   대각선

(평행사변형의 넓이)=([   ] 의 넓이)

=(가로)×(세로)

=(밑변의 길이)×([   ])

[3~4] 평행사변형을 보고 물음에 답하세요.

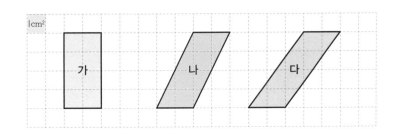

3 평행사변형 가, 나, 다의 넓이를 (밑변의 길이)×(높이)를 이용하여 구해 보세요.

❶ 가의 넓이 ➡ 식 _____   답 _____ cm²

❷ 나의 넓이 ➡ 식 _____   답 _____ cm²

❸ 다의 넓이 ➡ 식 _____   답 _____ cm²

4 평행사변형 가, 나, 다의 넓이는 모두 같습니다. 그 이유를 써 보세요.

이유 _____

5 평행사변형의 넓이를 구해 보세요.

❶
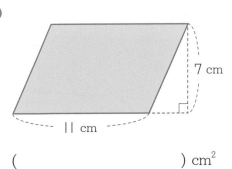
7 cm
11 cm
(_____) cm²

❷
6 cm
5 cm
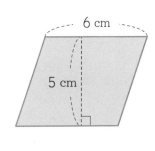
(_____) cm²

삼각형의 넓이 구하기

• 삼각형의 밑변과 높이 알아보기

삼각형에서 어느 한 변을 밑변이라고 하면, 그 밑변과 마주 보는 꼭짓점에서 밑변에 수직으로 그은 선분의 길이를 높이라고 합니다.

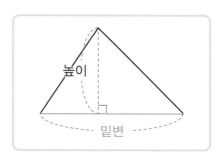

• 삼각형의 넓이 구하는 방법

똑같은 삼각형 2개를 겹치지 않게 이어 붙여서 평행사변형을 만들었습니다.

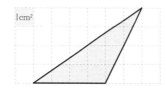 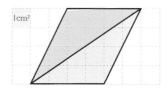

- (평행사변형의 밑변의 길이)=(삼각형의 밑변의 길이)
- (평행사변형의 높이)=(삼각형의 높이)
- (삼각형의 넓이)=(평행사변형의 넓이)의 반
  ➡ (삼각형의 넓이)=(밑변의 길이)×(높이)÷2

1 보기 와 같이 삼각형의 높이를 표시해 보세요.

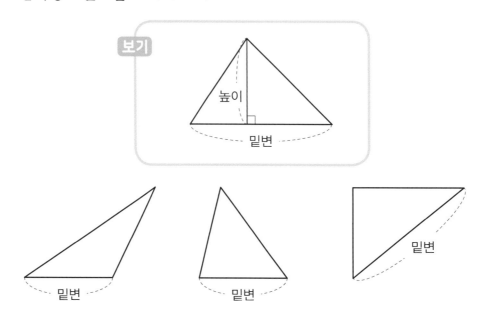

[2~3] 삼각형의 넓이를 구하는 식을 쓰고 답을 구해 보세요.

2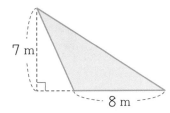

식 _____

답 _____ m²

3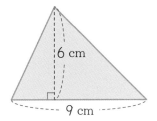

식 _____

답 _____ m²

[4~5] 삼각형을 보고 물음에 답하세요.

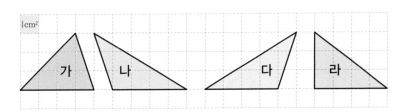

4 아래의 표를 완성해 보세요.

삼각형	가	나	다	라
밑변의 길이(cm)	4			
높이(cm)	3			
넓이(cm²)				

5 위의 결과를 보고 알 수 있는 사실을 □ 안에 알맞은 말을 써넣어 완성해 보세요.

삼각형 가, 나, 다, 라는 □ 의 길이와 □ 이/가 모두 같으므로 □ 이/가 모두 같습니다.

6 삼각형의 넓이가 80 cm²이고 높이가 10 cm일 때, 밑변의 길이는 몇 cm인지 식을 쓰고 답을 구해 보세요.

식 _____   답 _____ cm

마름모의 넓이 구하기

• 삼각형으로 잘라서 마름모의 넓이를 구하는 방법

마름모의 한 대각선을 따라 잘라서 생긴 두 도형으로 평행사변형을 만들었습니다.

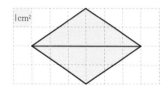
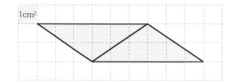

- (평행사변형의 밑변의 길이)＝(마름모의 한 대각선의 길이)
- (평행사변형의 높이)＝(마름모의 다른 대각선의 길이)÷2
- (마름모의 넓이)＝(평행사변형의 넓이)
  ➡ (마름모의 넓이)＝(한 대각선의 길이)×(다른 대각선의 길이)÷2

• 직사각형을 이용하여 마름모의 넓이를 구하는 방법

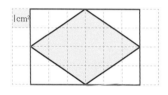

- (직사각형의 가로)＝(마름모의 한 대각선의 길이)
- (직사각형의 세로)＝(마름모의 다른 대각선의 길이)
- (마름모의 넓이)＝(직사각형의 넓이)÷2
  ➡ (마름모의 넓이)＝(한 대각선의 길이)×(다른 대각선의 길이)÷2

1 마름모의 대각선을 모두 표시해 보세요.

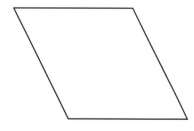
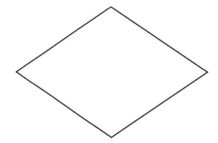

2 마름모의 넓이를 구하는 과정입니다. □ 안에 알맞은 말을 써넣으세요.

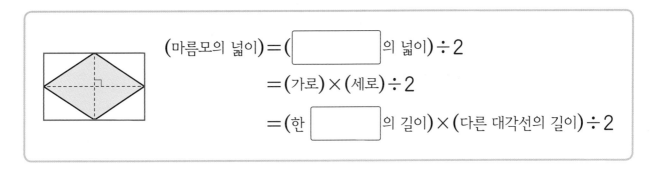

(마름모의 넓이) = (□의 넓이) ÷ 2

= (가로) × (세로) ÷ 2

= (한 □의 길이) × (다른 대각선의 길이) ÷ 2

3 마름모의 넓이를 구해 보세요.

❶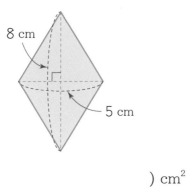

8 cm

5 cm

(   ) cm²

❷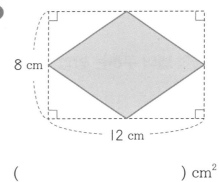

8 cm

12 cm

(   ) cm²

4 □ 안에 알맞은 수를 구해 보세요.

❶ 넓이: 36 cm²

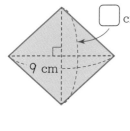

□ cm

9 cm

(   )

❷ 넓이: 30 cm²

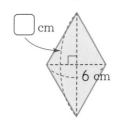

□ cm

6 cm

(   )

5 주어진 마름모와 넓이가 같고, 모양이 다른 마름모를 1개 그려 보세요.

1cm²

사다리꼴의 넓이 구하기

• 사다리꼴의 밑변과 높이 알아보기

사다리꼴에서 평행한 두 변을 밑변이라 하고, 한 밑변을 윗변, 다른 밑변을 아랫변이라고 합니다. 이때 두 밑변 사이의 거리를 높이라고 합니다.

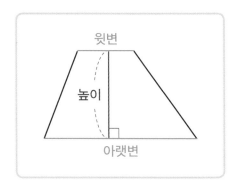

• 사다리꼴의 넓이 구하는 방법

똑같은 사다리꼴 1개를 겹치지 않게 이어 붙여서 평행사변형을 만들었습니다.

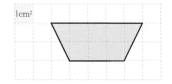 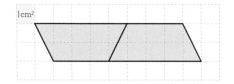

(사다리꼴의 넓이)＝(평행사변형의 넓이)÷2

➡ (사다리꼴의 넓이)＝((윗변의 길이)＋(아랫변의 길이))×높이÷2

1 보기 와 같이 사다리꼴의 윗변, 아랫변, 높이를 표시해 보세요.

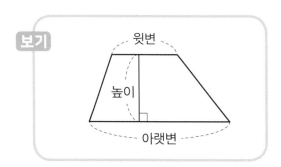

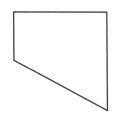 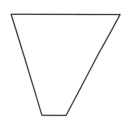 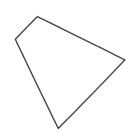

2 사다리꼴을 잘라서 만든 평행사변형을 이용하여 넓이를 구하는 과정입니다. □ 안에 알맞은 수를 써넣으세요.

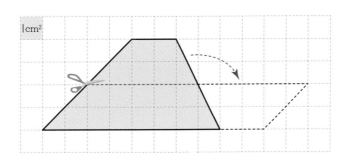

(사다리꼴의 넓이)=(평행사변형의 넓이)=(평행사변형의 밑변)×(평행사변형의 높이)

$$= (\boxed{} + \boxed{}) \times (\boxed{} \div 2) = \boxed{} \ (cm^2)$$

[3~4] 사다리꼴의 넓이를 구하는 식을 쓰고 답을 구해 보세요.

3

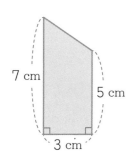

식 _____

답 _____ cm²

4

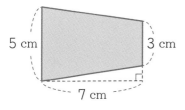

식 _____

답 _____ cm²

5 □ 안에 알맞은 수를 구해 보세요.

❶ 넓이: 28 cm²

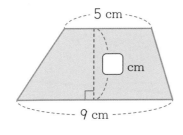

(   )

❷ 넓이: 45 cm²

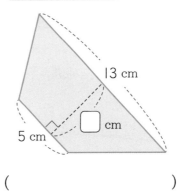

(   )

연습 문제

[1~2] 정다각형의 둘레를 구해 보세요.

1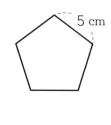

(   ) cm

2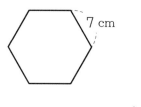

(   ) cm

[3~6] 사각형의 둘레를 구해 보세요.

3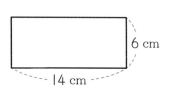

(   ) cm

4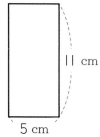

(   ) cm

5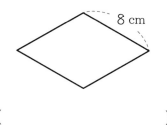

(   ) cm

6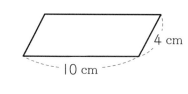

(   ) cm

7 1 cm^2를 이용하여 도형의 넓이를 구해 보세요.

가 (   ) cm^2

나 (   ) cm^2

다 (   ) cm^2

8 □ 안에 알맞은 수를 써넣으세요.

❶ 80000 cm^2 = □ m^2

❷ 5 km^2 = □ m^2

❸ 7000000 m^2 = □ km^2

❹ 12 m^2 = □ cm^2

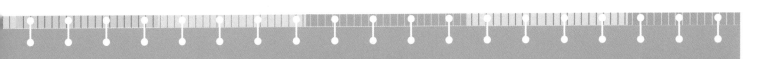

[9~14] 평행사변형, 삼각형, 마름모, 사다리꼴의 넓이를 구해 보세요.

9

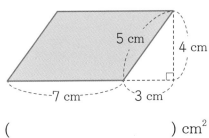

(   ) cm²

10

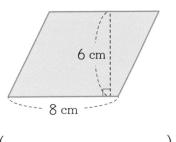

(   ) cm²

11

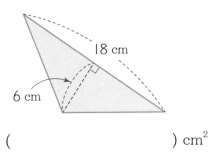

(   ) cm²

12

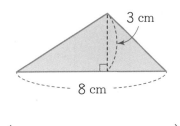

(   ) cm²

13

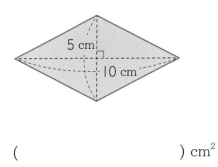

(   ) cm²

14

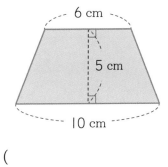

(   ) cm²

[15~16] □ 안에 알맞은 수를 써넣으세요.

15 넓이: 28 cm²

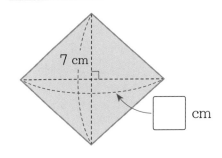

16 넓이: 56 cm²

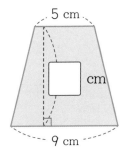

단원 평가

1 직사각형의 둘레와 넓이를 각각 구해 보세요.

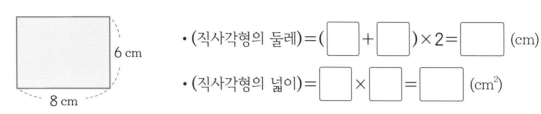

- (직사각형의 둘레)=(☐ + ☐)×2= ☐ (cm)
- (직사각형의 넓이)= ☐ × ☐ = ☐ (cm²)

2 1 cm²를 이용하여 넓이가 같은 도형끼리 묶어 기호를 써 보세요.

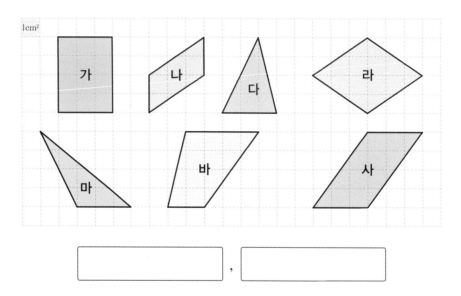

☐ , ☐

3 ☐ 안에 알맞은 수를 써넣으세요.

❶ 670000 cm²= ☐ m²

❷ 9 km²= ☐ m²

4 평행사변형의 넓이가 84 cm²일 때 ☐ 안에 알맞은 수를 써넣으세요.

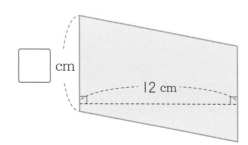

5 색칠한 부분의 넓이를 구해 보세요.

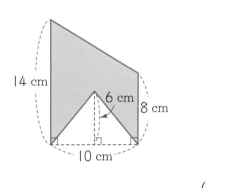

(   ) cm²

6 넓이가 8 cm²인 삼각형을 서로 다른 모양으로 3개 그려 보세요.

7 둘레가 30 cm인 다음 직사각형의 넓이는 몇 cm²인지 풀이 과정을 쓰고 답을 구해 보세요.

풀이

답 _____ cm²

실력 키우기

1 사다리꼴의 넓이가 72 cm²일 때 사다리꼴의 높이는 몇 cm인지 구해 보세요.

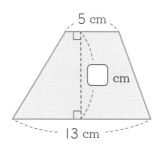

(   ) cm

2 마름모의 넓이가 24 cm²일 때 □ 안에 알맞은 수를 구해 보세요..

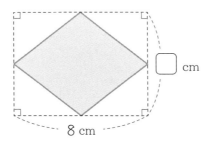

(   )

3 둘레가 50 cm인 직사각형의 가로가 세로보다 3 cm 더 길 때, 직사각형의 넓이는 몇 cm²인지 구해 보세요.

(   ) cm²

4 삼각형에서 □ 안에 알맞은 수를 구해 보세요.

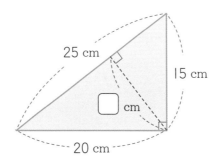

(   )

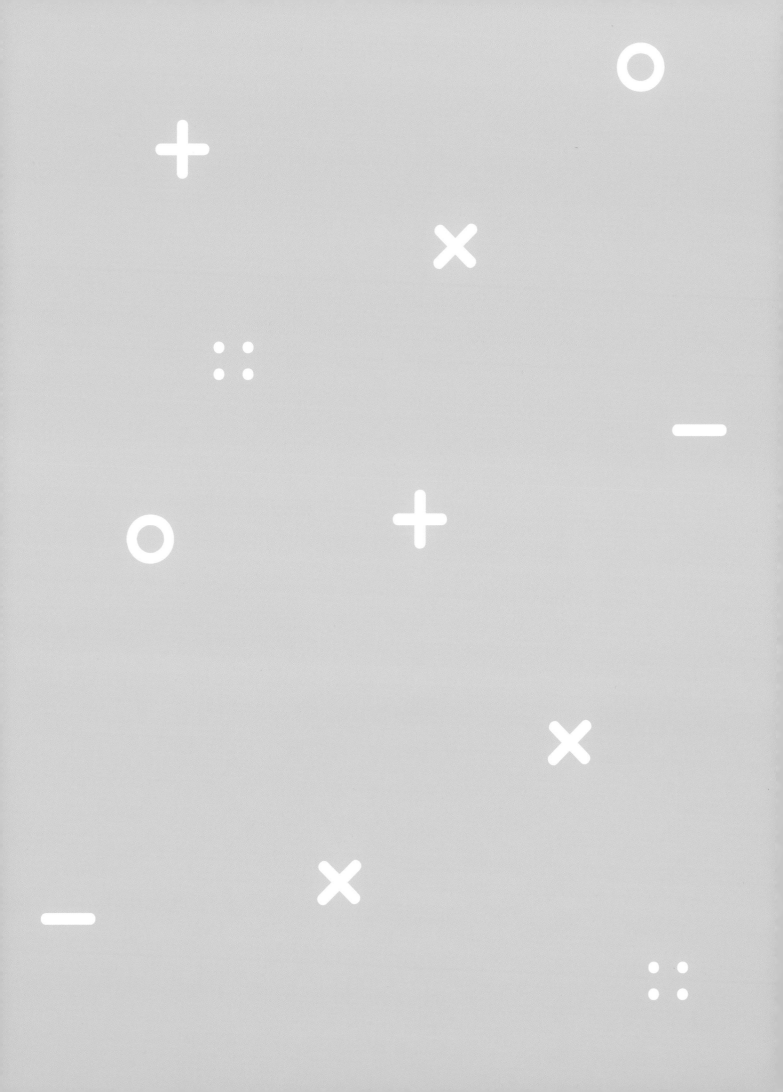

정답과 풀이

제제 수학
5-1

체때 체대로!

서사원주니어

1. 자연수의 혼합 계산

덧셈과 뺄셈이 섞여 있는 식 계산하기

- 덧셈과 뺄셈이 섞여 있는 식은 앞에서부터 차례대로 계산합니다.

$$15-9+3=6+3=9$$
① ②

- 덧셈과 뺄셈이 섞여 있고 ( )가 있는 식에서는 ( ) 안을 먼저 계산합니다.

$$15-(9+3)=15-12=3$$
①
②

1 보기와 같이 계산 순서를 나타내고 □ 안에 알맞은 수를 써넣으세요.

보기
$$13 - 6 + 21 = 28$$
①
②

❶ $25-10+7=$ ☐22☐
①
②

❷ $14+(11-7)=$ ☐18☐
①
②

2 계산해 보세요.

❶ $55-26+9=$ ☐38☐
①

❷ $27-(14+7)=$ ☐6☐
①
②

3 계산 결과를 비교하여 ○ 안에 >, =, <를 알맞게 써넣으세요.

❶ $36+15-10$ ⟨=⟩ $36+(15-10)$

❷ $21-11+9$ ⟨>⟩ $21-(11+9)$

4 현규는 초콜릿 10개 중에서 5개를 먹고 친구에게 3개를 받았습니다. 현규가 가지고 있는 초콜릿은 모두 몇 개인지 하나의 식으로 나타내어 구해 보세요.

식 ___10-5+3=8___   답 ___8___ 개

5 두 식을 계산하고, 알맞은 말에 ○표 하세요.

$30-12-8=$ ☐10☐ $30-(12-8)=$ ☐26☐

두 식의 계산 결과는 (같습니다 , (다릅니다)).

6 주호네 동네 꽃집에 국화꽃이 40송이, 장미꽃이 23송이 있습니다. 이 중 13송이를 팔았다면 남은 꽃은 몇 송이인지 하나의 식으로 나타내어 구해 보세요.

식 ___40+23-13=50___   답 ___50___ 송이

6

7

1. 자연수의 혼합 계산

곱셈과 나눗셈이 섞여 있는 식 계산하기

- 곱셈과 나눗셈이 섞여 있는 식은 앞에서부터 차례대로 계산합니다.

$$70÷7×5=10×5=50$$
①
②

- 곱셈과 나눗셈이 섞여 있고 ( )가 있는 식에서는 ( ) 안을 먼저 계산합니다.

$$70÷(7×5)=70÷35=2$$
①
②

1 보기와 같이 계산 순서를 나타내고 □ 안에 알맞은 수를 써넣으세요.

보기
$$45 ÷ 9 × 8 = 40$$
①
②

❶ $25÷5×3=$ ☐15☐
①
②

❷ $90÷(3×6)=$ ☐5☐
①
②

2 계산해 보세요.

❶ $12×4÷6=$ ☐8☐
①
②

❷ $24×(14÷7)=$ ☐48☐
①
②

3 계산 결과를 비교하여 ○ 안에 >, =, <를 알맞게 써넣으세요.

❶ $20÷5×4$ ⟨>⟩ $20÷(5×4)$

❷ $8×24÷6$ ⟨=⟩ $8×(24÷6)$

4 계산이 잘못된 곳을 찾아 ○로 표시하고, 바르게 고쳐 계산해 보세요.

$$72 ÷ (6 × 3) = ⑫ × 3$$
$$= 36$$

↓

$$72÷(6×3)=72÷18$$
$$=4$$

▶ ( ) 안을 먼저 계산합니다.

5 민재네 학교 5학년 학생은 한 반에 30명씩 7반입니다. 체험학습을 가기 위해 버스 5대에 똑같이 나누어 타려면 버스 한 대에 몇 명씩 타야 하는지 하나의 식으로 나타내어 구해 보세요.

식 ___30×7÷5=42___   답 ___42___ 명

6 계산 결과가 큰 것부터 차례대로 기호를 써 보세요.

㉠ $9×(15÷3)$ ㉡ $24÷(2×2)$
㉢ $13×(12÷4)$ ㉣ $33÷3×5$

(㉣, ㉠, ㉢, ㉡)

▶ 계산 결과는 ㉠ 45, ㉡ 6, ㉢ 39, ㉣ 55이므로 큰 것부터 써 보면 ㉣, ㉠, ㉢, ㉡입니다.

8

9

1. 자연수의 혼합 계산

덧셈, 뺄셈, 곱셈이 섞여 있는 식 계산하기

덧셈, 뺄셈, 곱셈이 섞여 있는 식은 곱셈을 먼저 계산합니다.

$$27-5\times4+8=27-20+8=7+8=15$$

단, ( )가 있으면 ( ) 안을 가장 먼저 계산합니다.

$$(12+3)\times2-6=15\times2-6=30-6=24$$

1 보기와 같이 계산 순서를 나타내고 □ 안에 알맞은 수를 써넣으세요.

보기
$$90-(5+4)\times8=18$$

❶ $45-4\times7+21=$ 38

❷ $125-13\times(4+2)=$ 47

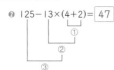

2 계산해 보세요.

❶ $56-7\times5+15=$ 36

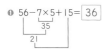

❷ $12\times(19-14)+11\times2=$ 82

3 바르게 계산한 사람은 누구인가요?

민성: $13+25-8\times2=20$
우진: $94-(8+12)\times2=54$

(우진)

4 계산 결과가 다른 하나를 찾아 기호를 써 보세요.

㉠ $45-4\times6+2$
㉡ $45-(4\times6)+2$
㉢ $45-4\times(6+2)$

(㉢)

▶ ㉠ 23 ㉡ 23 ㉢ 13

5 채소 가게에서 한 개에 800원인 감자 7개와 한 개에 650원인 당근 3개를 사고 10000원을 냈습니다. 거스름돈은 얼마인지 하나의 식으로 나타내어 구해 보세요.

식 $10000-(800\times7+650\times3)=2450$

답 2450 원

6 식이 성립하도록 알맞은 곳을 ( )로 묶어 보세요.

$60 - 20 + 6 \times (4 - 3) = 46$

---

1. 자연수의 혼합 계산

덧셈, 뺄셈, 나눗셈이 섞여 있는 식 계산하기

덧셈, 뺄셈, 나눗셈이 섞여 있는 식은 나눗셈을 먼저 계산합니다.

$$20-20\div5+8=20-4+8=16+8=24$$

단, ( )가 있으면 ( ) 안을 가장 먼저 계산합니다.

$$(12+23)\div5-6=35\div5-6=7-6=1$$

1 보기와 같이 계산 순서를 나타내고 □ 안에 알맞은 수를 써넣으세요.

보기
$$25-(15+3)\div6=22$$

❶ $45+96\div6-23=$ 38

❷ $35-54\div(4+2)=$ 26

2 계산해 보세요.

❶ $22+18\div3-9=$ 19

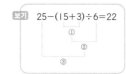

❷ $30\div(19-14)+11-2=$ 15

3 계산 결과를 비교하여 ○ 안에 >, =, <를 알맞게 써넣으세요.

❶ $63\div9-2+5$ ＜ $63\div(9-2)+5$

❷ $36\div6-2+3$ ＜ $36\div(6-2)+3$

4 계산 결과가 가장 큰 것을 찾아 기호를 써 보세요.

㉠ $64\div16+8-2$
㉡ $64-16\div8-2$
㉢ $64-(16+8)\div2$

(㉡)

▶ ㉠ 10 ㉡ 60 ㉢ 52

5 □ 안에 공통으로 들어갈 알맞은 수를 보기에서 골라 써넣으세요.

보기 4 6 2 10 8

$8\div4+6-2=6$ $6+5-16\div 8=9$

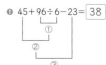
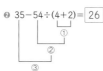

▶ $8\div4+6-2=6$ $6+5-16\div8=9$

6 유라는 5개에 3500원인 감자 1개와 2개에 4000원인 당근 1개를 사고 5000원을 냈습니다. 거스름돈은 얼마인지 하나의 식으로 나타내어 구해 보세요.

식 $5000-(3500\div5+4000\div2)=2300$

답 2300 원

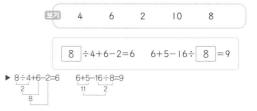

1. 자연수의 혼합 계산

덧셈, 뺄셈, 곱셈, 나눗셈이 섞여 있는 식 계산하기

덧셈, 뺄셈, 곱셈, 나눗셈이 섞여 있는 식은 곱셈과 나눗셈을 먼저 계산하고 덧셈과 나눗셈은 앞에서부터 차례대로 계산합니다. 단, ( )가 있으면 ( ) 안을 가장 먼저 계산합니다.

$5 \times (3+9) \div 6 - 5 = 5$

1 계산 순서를 바르게 나타낸 것에 ○표 하세요.

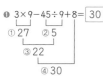

$40 \div 4 - 2 \times (3+5) = 64$ $56 \div 4 - 2 \times 7 + 11 = 11$

( )   (○)

2 계산 순서를 나타내고 □ 안에 알맞은 수를 써넣으세요.

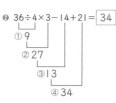

❶ $3 \times 9 - 45 \div 9 + 8 = \boxed{30}$
① 27 ② 5
③ 22
④ 30

❷ $36 \div 4 \times 3 - 14 + 21 = \boxed{34}$
① 9
② 27
③ 13
④ 34

3 계산해 보세요.

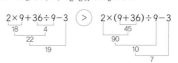

$(32-16) \div 4 + 12 \times 3 = \boxed{40}$
16 36
4

4 ㉠과 ㉡의 계산 결과의 합을 구해 보세요.

㉠ $8 \times (2+4) \div 4 - 2$
㉡ $5 \times 4 - 18 \div 6 + 8$

(35)

▶ ㉠ $8 \times (2+4) \div 4 - 2 = 10$ ㉡ $5 \times 4 - 18 \div 6 + 8 = 25$

5 계산 결과를 비교하여 ○ 안에 >, =, <를 알맞게 써넣으세요.

$2 \times 9 + 36 \div 9 - 3$ ⟩ $2 \times (9+36) \div 9 - 3$
18 4   45
22   90
19   10
                           7

6 온도를 나타내는 단위에는 섭씨(℃)와 화씨(℉)가 있습니다. 대화를 보고 현재 기온을 화씨로 나타내면 몇 도(℉)인지 하나의 식으로 나타내어 구해 보세요.

섭씨온도에 9를 곱하고 5로 나눈 수에 32를 더하면 화씨온도가 된단다.

현재 기온은 30도(℃)예요.

식 $30 \times 9 \div 5 + 32 = 86$ 답 86 ℉

---

1. 자연수의 혼합 계산

연습 문제

[1~5] 계산해 보세요.

1 $66 - 44 + 9 = 31$
22

2 $90 - (15+30) = 45$
45

3 $53 + (33-19) = 67$
14

4 $100 - (50+25) - 21 = 4$
75
25

5 $65 + (28-19) + 8 - 5 = 77$
9
74
82

[6~10] 계산해 보세요.

6 $15 \times 16 \div 8 = 30$

7 $96 \div (2 \times 8) = 6$

8 $256 \div (4 \times 4) \div 2 = 8$

9 $72 \div (6 \times 4) \times 2 = 6$

10 $100 \div 5 \times 5 \div 4 = 25$

[11~15] 계산해 보세요.

11 $10 + 48 - 12 \times 4 = 10$

12 $30 - 12 + 56 \div 7 = 26$

13 $75 \div (25-10) - 5 = 0$

14 $(35+25) \div 15 - 2 = 2$

15 $38 - 5 \times 7 + 12 = 15$

[16~20] 계산해 보세요.

16 $3 \times 13 - 25 \div 5 + 3 = 37$

17 $51 \div (39 \div 13) \times 2 + (10-5) = 39$

18 $56 - 28 \div 7 \times 6 + 3 = 35$

19 $20 + 4 \times 6 - 90 \div 5 = 26$

20 $56 \div 4 - 13 + 6 \times 2 = 13$

1. 자연수의 혼합 계산 　**단원 평가**

1 가장 먼저 계산해야 하는 부분에 ○표 하세요.

$$11 + (6 \times 3) - 8$$

2 계산 순서를 나타내고 □ 안에 알맞은 수를 써넣으세요.

❶ $23 - (4 + 12) = \boxed{7}$

❷ $64 \div 8 \times 3 = \boxed{24}$

❸ $14 \times (4 + 6) \div 5 - 19 = \boxed{9}$

❹ $20 + (5 - 3) \times 6 = \boxed{32}$

3 계산 순서에 맞게 기호를 차례대로 써 보세요.

$$14 + (14 - 6) \times 7 \div 4 - 10$$
$$\ \ \ \ \ \ \ \ \uparrow \quad \uparrow \quad \uparrow \quad \uparrow \quad \uparrow$$
$$\ \ \ \ \ \ \ \ ㉠ \quad ㉡ \quad ㉢ \quad ㉣ \quad ㉤$$

(㉡, ㉢, ㉣, ㉠, ㉤)

4 계산 결과를 비교하여 ○ 안에 >, =, <를 알맞게 써넣으세요.

$$\underbrace{36 + 49 \div 7 \times 6 - 24}_{54} \ \boxed{<} \ \underbrace{79 - (31 + 7) \times 3 \div 6}_{60}$$

5 혜원이는 10살입니다. 동생은 혜원이보다 4살 어리고, 아버지는 동생 나이의 6배보다 6살 많습니다. 아버지의 나이는 몇 살인지 하나의 식으로 나타내어 구해 보세요.

식 $(10 - 4) \times 6 + 6 = 42$ 　답 42 살

6 지구에서 잰 무게는 달에서 잰 무게의 약 6배입니다. 달에서 잰 영수와 철민이의 몸무게의 합은 달에서 잰 선생님의 몸무게보다 몇 kg 더 무거운지 하나의 식으로 나타내어 구해 보세요.

- 지구에서 잰 영수의 몸무게: 42 kg
- 지구에서 잰 철민이의 몸무게: 48 kg
- 달에서 잰 선생님의 몸무게: 13 kg

식 $(42 + 48) \div 6 - 13 = 2$ 　답 2 kg

7 식이 성립하도록 알맞은 곳을 ( )로 묶어 보세요.

$$117 \div (3 + 10) \times 3 - 6 = 21$$

8 수 카드 $\boxed{1}$, $\boxed{2}$, $\boxed{4}$를 한 번씩만 사용하여 아래와 같이 식을 만들려고 합니다. 계산 결과가 가장 클 때의 값과 가장 작을 때의 값을 각각 구해 보세요.

$$16 \div (\boxed{\ } \times \boxed{\ }) + \boxed{\ }$$

▶ $16 \div (1 \times 2) + 4 = 12$ 　　가장 클 때 (12)
　 $16 \div (2 \times 4) + 1 = 3$ 　　가장 작을 때 (3)

---

1. 자연수의 혼합 계산 　**실력 키우기**

1 계산 결과가 작은 것부터 차례대로 기호를 써 보세요.

㉠ $24 + 2 \times (9 - 4)$
㉡ $15 - 56 \div 7 + 5$
㉢ $8 \times (20 - 8) \div 6 - 3$
㉣ $6 \times (24 + 16) \div 8 - 10$

(㉡, ㉢, ㉣, ㉠)

▶ ㉠ 34 　㉡ 12 　㉢ 13 　㉣ 20

2 식이 성립하도록 알맞은 곳을 ( )로 묶어 보세요.

$$2 \times (16 - 8) \div 4 - 3 = 1$$

3 지율이는 친구들과 분식집에서 순대 3인분과 떡볶이 2인분, 김밥 1인분을 먹고 20000원을 냈습니다. 지율이가 받은 거스름돈은 얼마인지 하나의 식으로 나타내어 구해 보세요.

〈메뉴〉
떡볶이(1인분) 3000원
순대(1인분) 2500원
김밥(1인분) 2000원

식 $20000 - (2500 \times 3 + 3000 \times 2 + 2000)$ 　답 4500 원
$= 4500(원)$

4 식이 성립하도록 □ 안에 +, −, ×, ÷를 알맞게 써넣으세요.

$$60 \times 2 \div 10 - 8 + 5 = 9$$

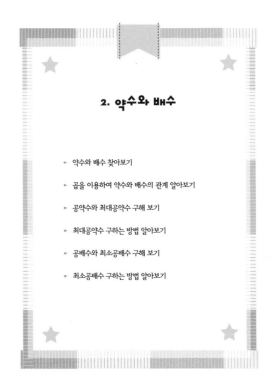

2. 약수와 배수

- 약수와 배수 찾아보기
- 곱을 이용하여 약수와 배수의 관계 알아보기
- 공약수와 최대공약수 구해 보기
- 최대공약수 구하는 방법 알아보기
- 공배수와 최소공배수 구해 보기
- 최소공배수 구하는 방법 알아보기

2. 약수와 배수
약수와 배수 찾아보기

- 어떤 수를 나누어떨어지게 하는 수를 그 수의 약수라고 합니다.
  $12÷1=12$, $12÷2=6$, $12÷3=4$, $12÷4=3$, $12÷6=2$, $12÷12=1$
  ➡ 12의 약수는 1, 2, 3, 4, 6, 12입니다.

- 어떤 수를 1배, 2배, 3배…… 한 수를 그 수의 배수라고 합니다.
  $6×1=6$, $6×2=12$, $6×3=18$……
  ➡ 6의 배수는 6, 12, 18……입니다.

1 □ 안에 알맞은 수를 써넣어 6의 약수를 구해 보세요.

$6÷\boxed{1}=6$, $6÷\boxed{2}=3$, $6÷\boxed{3}=2$, $6÷\boxed{6}=1$

➡ 6의 약수는 $\boxed{1}$, $\boxed{2}$, $\boxed{3}$, $\boxed{6}$ 입니다.

2 □ 안에 알맞은 수를 써넣어 12의 배수를 구해 보세요.

12를 1배 한 수 → $12×1=\boxed{12}$ 　 12를 2배 한 수 → $12×2=\boxed{24}$

12를 3배 한 수 → $12×3=\boxed{36}$ 　 12를 4배 한 수 → $12×4=\boxed{48}$

➡ 12의 배수는 $\boxed{12}$, $\boxed{24}$, $\boxed{36}$, $\boxed{48}$……입니다.

3 수직선을 보고 4의 배수에 모두 ●표 하세요.

(수직선: 0 4 8 10 12 16 20 24)

▶ 4칸씩 띄어세면 4의 배수가 나옵니다.

4 왼쪽 수가 오른쪽 수의 약수인 것에 ○표, 아닌 것에 ✕표 하세요.

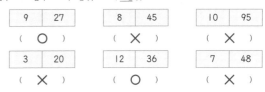

9	27		8	45		10	95
(○)			(✕)			(✕)	

3	20		12	36		7	48
(✕)			(○)			(✕)	

5 수 배열표에서 6의 배수에는 ○표, 8의 배수에는 △표 하세요.

1	2	3	4	5	⑥	7	△8	9	10
11	⑫	13	14	15	△16	17	⑱	19	20
21	22	23	△24	25	26	27	28	29	㉚
31	△32	33	34	35	㊱	37	38	39	△40
41	㊷	43	44	45	46	47	△48	49	50

6 약수의 개수가 많은 수부터 차례대로 기호를 써 보세요.

㉠ 8 　 ㉡ 12 　 ㉢ 16 　 ㉣ 17

(㉡, ㉢, ㉠, ㉣)

▶ ㉠ 8의 약수: 1, 2, 4, 8 → 4개
㉡ 12의 약수: 1, 2, 3, 4, 6, 12 → 6개
㉢ 16의 약수: 1, 2, 4, 8, 16 → 5개
㉣ 17의 약수: 1, 17 → 2개

7 10보다 크고 40보다 작은 5의 배수를 모두 구해 보세요.

(15, 20, 25, 30, 35)

▶ $5×3=15$ 　 $5×4=20$ 　 $5×5=25$ 　 $5×6=30$ 　 $5×7=35$

---

2. 약수와 배수
곱을 이용하여 약수와 배수의 관계 알아보기

- $12=1×12$, $12=2×6$, $12=3×4$, $12=2×2×3$이므로
  1, 2, 3, 4, 6, 12는 12의 약수이고 12는 1, 2, 3, 4, 6, 12의 배수입니다.

- ■＝●×▲일 때,
  ■는 ●와 ▲의 배수입니다.
  ●와 ▲는 ■의 약수입니다.

1 식을 보고 □ 안에 '약수' 또는 '배수'를 알맞게 써넣으세요.

❶ $3×5=15$
➡ 15는 3과 5의 $\boxed{배수}$ 입니다.
➡ 3과 5는 15의 $\boxed{약수}$ 입니다.

❷ $5×8=40$
➡ 40은 5와 8의 $\boxed{배수}$ 입니다.
➡ 5와 8은 40의 $\boxed{약수}$ 입니다.

2 식을 보고 □ 안에 알맞은 수를 써넣으세요.

❶ $1×6=6$, $2×3=6$
➡ 6은 $\boxed{1}$, $\boxed{2}$, $\boxed{3}$, $\boxed{6}$ 의 배수입니다.
➡ $\boxed{1}$, $\boxed{2}$, $\boxed{3}$, $\boxed{6}$ 은/는 6의 약수입니다.

❷ $1×16=16$, $4×4=16$, $2×8=16$
➡ 16은 $\boxed{1}$, $\boxed{2}$, $\boxed{4}$, $\boxed{8}$, $\boxed{16}$ 의 배수입니다.
➡ $\boxed{1}$, $\boxed{2}$, $\boxed{4}$, $\boxed{8}$, $\boxed{16}$ 은/는 16의 약수입니다.

3 18을 두 수의 곱으로 나타내고, 약수와 배수의 관계를 써 보세요.

$18=\boxed{1}×18$ 　 $18=\boxed{2}×9$ 　 $18=\boxed{3}×6$

➡ 18은 $\underline{1, 2, 3, 6, 9, 18}$ 의 배수이고,
$\underline{1, 2, 3, 6, 9, 18}$ 은/는 18의 약수입니다.

4 보기 에서 약수와 배수의 관계인 수를 모두 찾아 써 보세요.

보기　3　6　8　18　21

약수	배수		약수	배수		약수	배수		약수	배수
↓	↓		↓	↓		↓	↓		↓	↓
(3, 6)			(3, 18)			(3, 21)			(6, 18)	

▶ 작은 수로 큰 수를 나누었을 때 나누어 떨어지면 두 수는 약수와 배수의 관계입니다.

5 두 수가 약수와 배수의 관계인 것을 모두 찾아 기호를 써 보세요.

㉠ (6, 72) 　 ㉡ (7, 84) 　 ㉢ (8, 36) 　 ㉣ (9, 108)

(㉠, ㉡, ㉣)

▶ $72÷6=12$
$84÷7=12$　큰 수를 작은 수로 나누었을 때 나누어 떨어집니다.
$108÷9=12$
$36÷8=4…4$ (나누어 떨어지지 않습니다.)

6 두 수가 약수와 배수의 관계인 것에 ○표, 아닌 것에 ✕표 하세요.

45	3		4	72		54	8		5	85
(○)			(○)			(✕)			(○)	

20	3		12	96		91	7		6	50
(✕)			(○)			(○)			(✕)	

▶ $45÷3=15$ 　 $72÷4=18$ 　 $54÷8=6…6$ 　 $85÷5=17$
$20÷3=6…2$ 　 $96÷12=8$ 　 $91÷7=13$ 　 $50÷6=8…2$

2. 약수와 배수

공약수와 최대공약수 구해 보기

8과 12의 공약수와 최대공약수 구해 보기

• 8의 약수는 1, 2, 4, 8입니다.
• 12의 약수는 1, 2, 3, 4, 6, 12입니다.
• 1, 2, 4는 8의 약수도 되고, 12의 약수도 됩니다. 이처럼 8과 12의 공통된 약수를 8과 12의 공약수라고 합니다.
• 공약수 중에서 가장 큰 수인 4를 8과 12의 최대공약수라고 합니다.

공약수와 최대공약수의 관계 알아보기

• 8과 12의 최대공약수인 4의 약수는 8과 12의 공약수와 같습니다.

1 12와 16의 공약수와 최대공약수를 구하려고 합니다. □ 안에 알맞은 수를 써넣으세요.

• 12의 약수는 [1], [2], [3], [4], [6], [12] 입니다.
• 16의 약수는 [1], [2], [4], [8], [16] 입니다.
• 12와 16의 공약수는 [1], [2], [4] 입니다.
• 12와 16의 최대공약수는 [4] 입니다.

2 20과 36의 공약수와 최대공약수를 구해 보세요.

❶ 20과 36의 약수를 모두 써 보세요.

20의 약수	①②④ 5, 10, 20
36의 약수	①② 3, ④ 6, 9, 12, 18, 36

❷ 위 ❶에서 공약수를 모두 찾아 ○표 하고, 최대공약수를 구해 보세요.

(4)

3 어떤 두 수의 최대공약수가 16일 때, 두 수의 공약수를 모두 써 보세요.

(1, 2, 4, 8, 16)

▶ 두 수의 공약수는 최대공약수의 약수이므로 16의 약수인 1, 2, 4, 8, 16이 됩니다.

4 두 수의 공약수와 최대공약수를 구해 보세요.

❶ (15, 30)
• 공약수 ➡ (1, 3, 5, 15)
• 최대공약수 ➡ (15)

❷ (36, 48)
• 공약수 ➡ (1, 2, 3, 4, 6, 12)
• 최대공약수 ➡ (12)

5 ◯ 안에 >, =, <를 알맞게 써넣으세요.

14와 21의 최대공약수 < 18과 36의 최대공약수

▶ 14와 21의 최대공약수: 7   18과 36의 최대공약수: 18

6 잘못 이야기한 사람을 찾고, 잘못된 부분을 바르게 고쳐 보세요.

24와 32의 공약수는 두 수를 모두 나누어떨어지게 할 수 있어. — 지혁

24와 32의 공약수 중에서 가장 작은 수는 1이야. — 성문

24와 32의 공약수 중에서 가장 큰 수는 6이야. — 윤아

잘못 이야기한 사람 : 윤아

바르게 고치기 : 24와 32의 공약수 중 가장 큰 수는 8이야.

---

2. 약수와 배수

최대공약수 구하는 방법 알아보기

두 수의 곱으로 나타낸 곱셈식을 이용하여 최대공약수 구하는 방법

두 수의 곱으로 나타낸 곱셈식에 공통으로 들어 있는 수 중에서 가장 큰 수를 찾아 최대공약수를 구합니다.

```
12=2×6    18=3×6
      ↓        ↓
   12와 18의 최대공약수
```

여러 수의 곱으로 나타낸 곱셈식을 이용하여 최대공약수 구하는 방법

여러 수의 곱으로 나타낸 곱셈식 중에서 공통으로 들어 있는 곱셈식을 찾아 최대공약수를 구합니다.

```
45=5×3×3    75=5×3×5
    ‖            ‖
   15           15 ➡ 45와 75의 최대공약수
```

두 수의 공약수를 이용하여 최대공약수 구하는 방법

두 수를 나눈 공약수들의 곱으로 최대공약수를 구합니다.

```
45와 75의 공약수 ➡ 5 ) 45  75
 9와 15의 공약수 ➡ 3 )  9  15
                       3   5
5×3=15 ➡ 45와 75의 최대공약수
```

[1~3] 36과 40을 여러 수의 곱으로 나타낸 곱셈식을 보고 물음에 답하세요.

36=1×36	36=2×18	36=3×12	36=4×9	36=2×2×3×3
40=1×40	40=2×20	40=4×10	40=5×8	40=2×2×2×5

1 36과 40의 최대공약수를 구하기 위한 두 수의 곱셈식을 써 보세요.

36= [4] × [9]   40= [4] × [10]

2 36과 40의 최대공약수를 구하기 위한 여러 수의 곱셈식을 써 보세요.

36= [2] × [2] × [3] × [3]
40= [2] × [2] × [2] × [5]

3 36과 40의 최대공약수를 구해 보세요.

(4)

4 두 수의 곱셈식을 보고 45와 54의 최대공약수를 구해 보세요.

45=5×9   54=6×9

(9)

5 여러 수의 곱셈식을 보고 84와 180의 최대공약수를 구해 보세요.

84=2×2×3×7   180=2×2×3×3×5

(2×2×3 또는 12)

6 12와 30의 최대공약수를 구하려고 합니다. □ 안에 알맞은 수를 써넣으세요.

```
2 ) 12  30
3 )  6  15
     2   5
```
➡ 12와 30의 최대공약수
: [2] × [3] = [6]

7 두 수의 최대공약수가 가장 큰 것을 찾아 기호를 써 보세요.

㉠ (24, 26)	㉡ (18, 30)	㉢ (15, 20)	㉣ (36, 72)

```
2 ) 24  26       3 ) 18  30       5 ) 15  20       3 ) 36  72
    12  13       2 )  6  10            3   4       2 ) 12  24
                     3   5                          6 )  6  12
                                                         1   2
㉠ 2            ㉡ 3×2=6          ㉢ 5            ㉣ 3×2×6=36
```

(㉣)

2. 약수와 배수

공배수와 최소공배수 구해 보기

6과 8의 공배수와 최소공배수 구해 보기

- 6의 배수는 6, 12, 18, 24, 30, 36……입니다.
- 8의 배수는 8, 16, 24, 32, 40, 48……입니다.
- 24, 48, 72……는 6의 배수도 되고 8의 배수도 됩니다. 이처럼 6과 8의 공통된 배수를 6과 8의 공배수라고 합니다.
- 공배수 중에서 가장 작은 수인 24를 6과 8의 최소공배수라고 합니다.

공배수와 최소공배수의 관계 알아보기

- 6과 8의 최소공배수인 24의 배수는 6과 8의 공배수와 같습니다.

1 4와 6의 공배수와 최소공배수를 구하려고 합니다. □ 안에 알맞은 수를 써넣으세요.

- 4의 배수는 4, 8, 12 , 16 , 20 , 24 , 28 , 32 , 36 ……입니다.
- 6의 배수는 6, 12, 18 , 24 , 30 , 36 , 42 ……입니다.
- 4와 6의 공배수는 12 , 24 , 36 ……입니다.
- 4와 6의 최소공배수는 12 입니다.

2 8과 12의 공배수와 최소공배수를 구해 보세요.

❶ 8과 12의 배수를 작은 수부터 차례대로 써 보세요.

| 8의 배수 | 8 | 16 | ㉔ | 32 | 40 | ㊽ | …… |
| 12의 배수 | 12 | ㉔ | 36 | ㊽ | 60 | 72 | …… |

❷ 위 ❶에서 8과 12의 공배수를 모두 찾아 ○표 하고, 최소공배수를 구해 보세요.

(24)

3 어떤 두 수의 최소공배수가 7일 때, 두 수의 공배수를 작은 수부터 5개 써 보세요.

(7, 14, 21, 28, 35)

▶ 두 수의 공배수는 최소공배수의 배수이므로 7, 14, 21……입니다.

4 10부터 60까지의 수 중에서 4의 배수이면서 6의 배수인 수는 모두 몇 개인지 풀이 과정을 쓰고 답을 구해 보세요.

> **풀이** 4와 6의 최소공배수는 12이므로 12, 24, 36, 48, 60이 됩니다.

답 5 개

5 유진이와 모둠 친구들은 1부터 100까지의 수를 차례대로 말하면서 **보기** 와 같은 규칙으로 놀이를 하였습니다. 손뼉을 치면서 동시에 일어나야 하는 수를 모두 구해 보세요.

> **보기**
> - 8의 배수에서는 말하는 대신 손뼉을 칩니다.
> - 12의 배수에서는 말하는 대신 자리에서 일어납니다.

(24, 48, 72, 96)

▶ 8과 12의 최소공배수는 24이므로 24의 배수마다 손뼉을 치며 동시에 일어나야 합니다.

6 긴 변의 길이가 5 cm이고 짧은 변의 길이가 3 cm인 직사각형 모양의 종이가 있습니다. 이 종이를 겹치지 않게 여러 장 이어 붙여 가장 작은 정사각형을 만들었습니다. 만든 정사각형의 한 변의 길이는 몇 cm인지 풀이 과정을 쓰고 답을 구해 보세요.

> **풀이** 정사각형은 가로와 세로의 길이가 같으므로 3, 5의 최소공배수인 15가 가장 작은 한 변의 길이입니다.

답 15 cm

▶ 직사각형을 이어 붙이면 변의 길이의 배수만큼 가로와 세로의 길이가 늘어납니다. 따라서 5 cm와 3 cm의 최소공배수인 15 cm가 가장 작은 정사각형의 한 변의 길이가 됩니다.

---

2. 약수와 배수

최소공배수 구하는 방법 알아보기

두 수의 곱으로 나타낸 곱셈식을 이용하여 최소공배수 구하는 방법

두 수의 곱으로 나타낸 곱셈식에 공통으로 들어 있는 가장 큰 수와 남은 수를 곱하여 최소공배수를 구합니다.

12=3×**4**   20=**4**×5
3×**4**×5=60 ➡ 12와 20의 최소공배수

여러 수의 곱으로 나타낸 곱셈식을 이용하여 최소공배수 구하는 방법

여러 수의 곱으로 나타낸 곱셈식 중에서 공통으로 들어 있는 곱셈식에 남은 수를 곱하여 최소공배수를 구합니다.

30=3×**2×5**   50=**2×5**×5
3×**2×5**×5=150 ➡ 30과 50의 최소공배수

두 수의 공약수를 이용하여 최소공배수 구하는 방법

두 수를 나눈 공약수와 밑에 남은 몫을 모두 곱하여 최소공배수를 구합니다.

```
  5) 45  75
  3)  9  15
      3   5
```
5×3×3×5=225 ➡ 45와 75의 최소공배수

[1~3] 18과 30을 여러 수의 곱으로 나타낸 곱셈식을 보고 물음에 답하세요.

| 18=1×18 | 18=2×9 | 18=3×6 | 18=2×3×3 |
| 30=1×30 | 30=2×15 | 30=3×10 | 30=5×6 | 30=2×3×5 |

1 18과 30의 최소공배수를 구하기 위한 두 수의 곱셈식을 써 보세요.

18=3× 6   30= 5 × 6

▶ 공통인 수가 가장 큰 곱셈식을 찾습니다.

2 18과 30의 최소공배수를 구하기 위한 여러 수의 곱셈식을 써 보세요.

18= 2 × 3 × 3
30= 2 × 3 × 5

3 18과 30의 최소공배수를 구해 보세요.

(90)

▶ 2×3×3×5=90

4 40과 60의 최소공배수를 구하려고 합니다. □ 안에 알맞은 수를 써넣으세요.

40=2× 20   60= 20 ×3

➡ 최소공배수: 2 × 20 × 3 = 120

▶ 최소공배수를 구하기 위해서는 공통인 수가 가장 큰 곱셈식을 이용해야 합니다.

5 15와 45의 최소공배수를 구하려고 합니다. □ 안에 알맞은 수를 써넣으세요.

```
  3 ) 15  45
  5 )  5  15
       1   3
```

➡ 최소공배수: 3 × 5 × 1 × 3 = 45

연습 문제

2. 약수와 배수

[1~5] 약수를 모두 구해 보세요.

1 15의 약수 ➡ (　　　　1, 3, 5, 15　　　　)

2 18의 약수 ➡ (　　　1, 2, 3, 6, 9, 18　　　)

3 20의 약수 ➡ (　　　1, 2, 4, 5, 10, 20　　　)

4 48의 약수 ➡ (　1, 2, 3, 4, 6, 8, 12, 16, 24, 48　)

5 64의 약수 ➡ (　　1, 2, 4, 8, 16, 32, 64　　)

[6~10] 배수를 작은 수부터 5개 구해 보세요.

6 3의 배수 ➡ (　　　　3, 6, 9, 12, 15　　　　)

7 8의 배수 ➡ (　　　8, 16, 24, 32, 40　　　)

8 10의 배수 ➡ (　　　10, 20, 30, 40, 50　　　)

9 16의 배수 ➡ (　　　16, 32, 48, 64, 80　　　)

10 27의 배수 ➡ (　　27, 54, 81, 108, 135　　)

[11~16] 최대공약수를 구해 보세요.

11
```
3) 15  45    최대공약수
5)  5  15    3×5=15
    1   3
```

12
```
2) 16  40    최대공약수
2)  8  20    2×2×2=8
2)  4  10
    2   5
```

13
```
5) 45  70    최대공약수
    9  14    5
```

14
```
2) 18  56    최대공약수
    9  28    2
```

15
```
2) 36  84    최대공약수
2) 18  42    2×2×3=12
3)  9  21
    3   7
```

16
```
3) 27  54    최대공약수
3)  9  18    3×3×3=27
3)  3   6
    1   2
```

[17~22] 최소공배수를 구해 보세요.

17
```
2) 24  56    최소공배수
2) 12  28    2×2×2×3×7
2)  6  14    =168
    3   7
```

18
```
3) 30  45    최소공배수
5) 10  15    3×5×2×3=90
    2   3
```

19
```
3)  9  12    최소공배수
    3   4    3×3×4=36
```

20
```
2) 36  64    최소공배수
2) 18  32    2×2×9×16=576
    9  16
```

21
```
3) 15  90    최소공배수
5)  5  30    3×5×6=90
    1   6
```

22
```
2) 48  60    최소공배수
2) 24  30    2×2×3×4×5
3) 12  15    =240
    4   5
```

단원 평가

2. 약수와 배수

1 약수를 모두 구해 보세요.

❶ 32의 약수 ➡ (1, 2, 4, 8, 16, 32)

❷ 28의 약수 ➡ (1, 2, 4, 7, 14, 28)

2 어떤 수의 약수를 모두 쓴 것입니다. 어떤 수를 구해 보세요.

| 1 2 6 24 8 3 16 4 12 48 |

(　　48　　)

3 8의 배수를 모두 찾아 ○표 하세요.

(㉔) 28 (㉜) 36 (㊵) 44 (㊽) 54

4 15를 서로 다른 두 수의 곱으로 나타내고, 알맞은 말에 ○표 하세요.

15 = [1] × [15]　　　15 = [3] × [5]

15는 [1], [3], [5], [15] 의 (약수 ,(배수))이고,

[1], [3], [5], [15] 은/는 15의 ((약수), 배수)입니다.

5 24와 36의 최대공약수를 두 가지 방법으로 구해 보세요.

방법 1 여러 수의 곱으로 나타낸 곱셈식 이용하기

24 = 2×2×2×3

36 = 2×2×3×3

➡ 최대공약수 : 2×2×3=12

방법 2 공약수 이용하기
```
2) 24  36
2) 12  18
3)  6   9
    2   3
```
➡ 최대공약수 : 2×2×3=12

6 두 수의 최소공배수를 구해 보세요.

| 18 27 |

(　　54　　)

▶
```
3) 18  27    최소공배수는 3×3×2×3=54
3)  6   9
    2   3
```

7 다음 세 조건을 만족하는 수를 모두 구해 보세요.

- 3의 배수입니다.
- 40보다 크고 70보다 작습니다.
- 6의 배수가 아닙니다.

(45, 51, 57, 63, 69)

▶ 40보다 크고 70보다 작은 3의 배수를 구해보면 42, 45, 48, 51, 54, 57, 60, 63, 66, 69입니다. 이 중 6의 배수가 아닌 수를 찾으면 됩니다.

8 지금부터 자명종 시계는 18분마다, 뻐꾸기 시계는 20분마다 울리게 합니다. 몇 시간마다 동시에 울리는지 풀이 과정을 쓰고 답을 구해 보세요.

풀이 18과 20의 최소공배수의 배수만큼 동시에 울립니다. 따라서 180분마다(3시간) 동시에 울립니다.

답 _____3_____ 시간

2. 약수와 배수 · 실력 키우기

1 8의 배수도 되고 12의 배수도 되는 수 중에서 250에 가장 가까운 수를 구해 보세요.

(240)

▶ 8의 배수도 되고 12의 배수도 되는 수는 8과 12의 최소공배수인 24입니다. 따라서 24의 배수 중 250에 가장 가까운 수를 찾으면 240입니다.

2 약수의 개수가 가장 많은 수와 가장 적은 수를 각각 찾아 써 보세요.

| 12 | 17 | 21 | 36 | 50 |

가장 많은 수 (36), 가장 적은 수 (17)

▶ 12의 약수는 6개   17의 약수는 2개   21의 약수는 4개
36의 약수는 9개   50의 약수는 6개

3 지수와 채은이가 다음과 같은 규칙으로 바둑돌을 70개씩 놓았을 때, 같은 자리에 검은 바둑돌을 놓는 경우는 모두 몇 번인가요?

지수 ○ ○ ● ○ ○ ● ○ ○ ● ○ ○ ● ○ ○
채은 ○ ○ ○ ○ ● ○ ○ ○ ○ ● ○ ○ ○ ○

(4)번

▶ 지수는 3의 배수번째 자리마다, 채은이는 5의 배수번째 자리마다 검은 돌을 놓습니다. 같은 자리에 15의 배수번째마다 검은 돌을 놓습니다.

4 다음 대화를 읽고 민영이가 들고 있는 카드에 적힌 수를 구해 보세요.

> 민영: 내 카드에 적힌 수는 30보다 크고 55보다 작아.
> 준희: 그것만으로는 설명이 부족해.
> 민영: 9의 배수이고 72의 약수야.

(36)

▶ 30보다 크고 55보다 작은 9의 배수는 36, 45, 54입니다. 그 중 72의 약수를 찾으면 36입니다.

5 가로가 30 cm, 세로가 16 cm인 직사각형 모양의 색종이를 겹치지 않게 여러 장 붙여서 가장 작은 정사각형을 만들려고 합니다. 직사각형 모양의 종이는 모두 몇 장 필요한지 풀이 과정을 쓰고 답을 구해 보세요.

풀이 가로와 세로의 길이의 배수만큼 커지므로 30 cm, 16 cm의 최소공배수인 240 cm가 가장 작은 정사각형의 한 변의 길이가 됩니다. 가로로 8장씩, 세로로 15장씩 빈틈없이 붙이면 **답** __120__ 장
8×5=120(장)이 필요합니다.

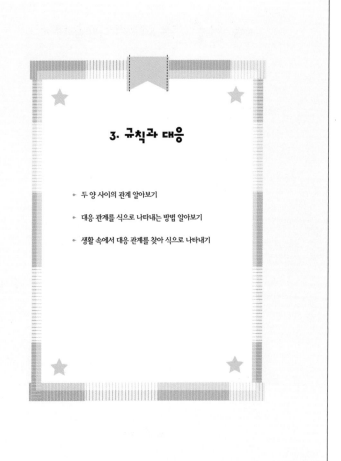

3. 규칙과 대응

▶ 두 양 사이의 관계 알아보기

▶ 대응 관계를 식으로 나타내는 방법 알아보기

▶ 생활 속에서 대응 관계를 찾아 식으로 나타내기

3. 규칙과 대응 · 두 양 사이의 관계 알아보기

한 양이 변할 때 다른 양이 그에 따라 규칙적으로 변하는 관계를 대응 관계라고 합니다.

책상의 수(개)	1	2	3	4	5
책상 다리의 수(개)	4	8	12	16	20

• 책상이 1개씩 늘어날 때, 책상 다리는 4개씩 늘어납니다.
• 책상 다리의 수는 책상의 수의 4배입니다.

[1~2] 도형의 배열을 보고 물음에 답하세요.

1 다음에 이어질 알맞은 모양을 위의 빈칸에 그려 보세요.

2 삼각형의 수와 사각형의 수 사이의 관계를 생각하며 □ 안에 알맞은 수를 써넣으세요.

❶ 삼각형이 10개일 때 필요한 사각형의 수는 5 개입니다.

❷ 삼각형이 40개일 때 필요한 사각형의 수는 20 개입니다.

[3~4] 마름모 조각과 삼각형 조각으로 대응 관계를 만들었습니다. 물음에 답하세요.

3 마름모 조각과 삼각형 조각의 수가 어떻게 변하는지 표를 이용하여 알아보세요.

마름모 조각(개)	1	2	3	4	5	……
삼각형 조각(개)	2	3	4	5	6	……

4 마름모 조각의 수와 삼각형 조각의 수 사이의 대응 관계를 써 보세요.

대응 관계 삼각형 조각의 수는 마름모 조각의 수보다 하나 더 많습니다.

5 표를 보고 □ 안에 알맞은 수를 써넣으세요.

자동차의 수(대)	1	2	3	4	5	……
바퀴의 수(개)	4	8	12	16	20	……

➡ 바퀴의 수는 자동차 수의 4 배입니다.

6 표를 완성하고 육각형의 수와 꼭짓점의 수 사이의 대응 관계를 써 보세요.

육각형의 수(개)	1	2	3	4	5	……
꼭짓점의 수(개)	6	12	18	24	30	……

대응 관계 꼭짓점의 수는 육각형 수의 6배입니다.
육각형의 수가 1개씩 늘어날 때, 꼭짓점의 수는 6개씩 늘어납니다.

[7~8] 바둑돌이 규칙적으로 놓여 있습니다. 물음에 답하세요.

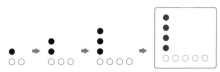

7 다음에 이어질 알맞은 모양을 위의 빈칸에 그려 보세요.

8 흰 바둑돌이 30개일 때 검정 바둑돌은 몇 개인지 풀이 과정을 쓰고 답을 구해 보세요.

풀이 검은 바둑돌은 흰 바둑돌보다 하나 더 적으므로 30-1=29(개)입니다.

답 __29__ 개

3. 규칙과 대응
대응 관계를 식으로 나타내는 방법 알아보기

두 양 사이의 대응 관계를 식으로 간단하게 나타낼 때는 각 양을 ○, □, △, ☆ 등과 같은 기호로 표현할 수 있습니다.

책상의 수(개)	1	2	3	4	5
책상 다리의 수(개)	4	8	12	16	20

• 책상의 수를 ○, 책상 다리의 수를 ☆이라고 할 때, 두 양 사이의 대응 관계를 식으로 나타내면 ○×4=☆ 또는 ☆÷4=○입니다.

[1~3] 자동차의 수와 바퀴의 수 사이의 대응 관계를 찾고 기호를 이용하여 식으로 나타내려고 합니다. 물음에 답하세요.

1 자동차의 수와 바퀴의 수 사이의 대응 관계를 표를 이용하여 알아보세요.

자동차의 수(대)	1	2	5	8	10	15	……
바퀴의 수(개)	4	8	20	32	40	60	……

2 표를 통해 알 수 있는 두 양 사이의 대응 관계를 나타내려고 합니다. 알맞은 카드를 골라 식으로 나타내어 보세요.

| 자동의 수 | 바퀴의 수 |

| + | − | × | ÷ | = |

2   3   4

| 바퀴의 수 | = | 자동차의 수 | ×4 또는 | 바퀴의 수 | ÷4 | 자동차의 수 |

식 ━━━━━━

3 자동차의 수를 ○, 바퀴의 수를 △라고 할 때, 두 양 사이의 대응 관계를 식으로 나타내어 보세요.

식 ○×4=△ 또는 △÷4=○

[4~6] 현재 지윤이의 나이는 11살이고, 언니의 나이는 14살입니다. 지윤이의 나이를 ◎, 언니의 나이를 □라고 할 때 물음에 답하세요.

4 두 양 사이의 대응 관계를 표를 이용하여 알아보세요.

◎	11	12	13	14	15	……
□	14	15	16	17	18	

5 두 양 사이의 대응 관계를 식으로 나타내어 보세요.

식 ◎+3=□ 또는 □−3=◎

6 언니의 나이가 35살이 되면 지윤이의 나이는 몇 살이 되나요?

(32)살

▶ 언니와 지윤이는 3살 차이가 납니다.

[7~8] 피자를 한 판 만드는 데 치즈가 6개 필요합니다. 물음에 답하세요.

7 피자의 수와 치즈의 수 사이의 대응 관계를 표를 이용하여 알아보세요.

피자의 수(판)	1	2	3	4	5	6	……
치즈의 수(개)	6	12	18	24	30	36	……

8 피자의 수를 △, 치즈의 수를 ◇라고 할 때, 두 양 사이의 대응 관계를 식으로 나타내어 보세요.

식 ◇÷6=△ 또는 △×6=◇

9 책꽂이 한 칸에 책이 5권씩 꽂혀 있습니다. 책꽂이의 칸수를 △, 책의 수를 ■라고 할 때, 두 양 사이의 대응 관계를 식으로 나타내어 보세요.

식 △×5=■ 또는 ■÷5=△

---

3. 규칙과 대응
생활 속에서 대응 관계를 찾아 식으로 나타내기

팔린 사탕의 수(개)	1	2	3	4	5
판매 금액(원)	300	600	900	1200	1500

팔린 사탕의 수를 ◇, 판매 금액을 ☆이라고 할 때, 두 양 사이의 대응 관계를 ◇×300=☆ 또는 ☆÷300=◇로 나타낼 수 있습니다.

[1~3] 어느 날 서울과 방콕의 시각을 나타낸 표입니다. 물음에 답하세요.

서울 시각	오전 10시	오후 1시	오후 4시	오후 7시	오후 10시
방콕 시각	오전 8시	오전 11시	오후 2시	오후 5시	오후 8시

1 위의 표를 완성해 보세요.

2 완성된 표를 보고 두 도시의 시각 사이의 대응 관계를 설명해 보세요.

대응 관계 방콕 시각은 서울 시각보다 두 시간(2시간) 느립니다.
(또는 서울 시각은 방콕 시각보다 두 시간(2시간) 빠릅니다.)

3 서울의 시각을 ●, 방콕의 시각을 ☆이라고 할 때, 두 양 사이의 대응 관계를 식으로 나타내어 보세요.

식 ●−2=☆ 또는 ☆+2=●

4 사과를 한 바구니에 8개씩 담아 팔고 있습니다. 바구니의 수와 과일의 수 사이의 대응 관계를 나타낸 표를 완성하고, □ 안에 알맞은 수를 써넣으세요.

바구니의 수(개)	1	2	3	4
과일의 수(개)	8	16	24	32

➡ (과일의 수)=(바구니의 수)× 8

[5~7] 음료수 한 병에 들어 있는 설탕의 양은 20 g입니다. 물음에 답하세요.

5 음료수병의 수와 설탕의 양 사이의 대응 관계를 나타낸 표를 완성해 보세요.

음료수병의 수(개)	1	2	3	4	5	6
설탕의 양(g)	20	40	60	80	100	120

6 음료수병의 수를 ☆, 설탕의 양을 ♡라고 할 때, 두 양 사이의 대응 관계를 식으로 나타내어 보세요.

식 ☆×20=♡ 또는 ♡÷20=☆

7 세 사람의 대화 중 잘못 이야기한 사람은 누구인지 쓰고, 이유를 설명해 보세요.

> 희수: 우리 가족 4명이 음료수를 한 병씩 다 마시면 설탕의 양은 모두 80 g이야.
> 지환: 음료수병의 수를 ○, 설탕의 양을 △로 고쳐서 식을 만들 수 있어.
> 도영: 설탕의 양은 음료수병의 수와 관계없이 변하는 양이야.

잘못 이야기한 사람 도영

이유 설탕의 양은 음료수병의 수의 20배 한 값입니다.

8 올해 지훈이는 11살, 아버지는 43살입니다. 물음에 답하세요.

❶ 지훈이가 14살이 되면 아버지는 몇 살이 되나요?

(46)살

❷ 지훈이의 나이를 ■, 아버지의 나이를 ◎라고 할 때, 두 양 사이의 대응 관계를 식으로 나타내어 보세요.

식 ◎−■=32 (■+32=◎, ◎−32=■)

3. 규칙과 대응 **연습 문제**

[1~7] 표를 완성하고 □ 안에 알맞은 수를 써넣으세요.

1
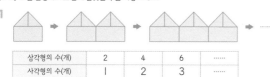

삼각형의 수(개)	2	4	6	......
사각형의 수(개)	1	2	3	......

➡ 삼각형의 수는 사각형의 수의 2 배입니다.

2
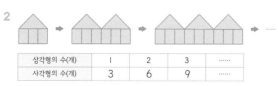

삼각형의 수(개)	1	2	3	......
사각형의 수(개)	3	6	9	......

➡ 사각형의 수는 삼각형의 수의 3 배입니다.

3
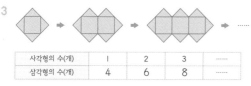

사각형의 수(개)	1	2	3	......
삼각형의 수(개)	4	6	8	......

➡ 삼각형의 수는 사각형의 수의 2 배에 2 를 더한 것과 같습니다.

4
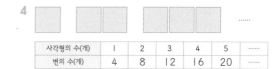

사각형의 수(개)	1	2	3	4	5	......
변의 수(개)	4	8	12	16	20	......

➡ (변의 수) = (사각형의 수) × 4

5

오각형의 수(개)	1	2	3	4	5	......
꼭짓점의 수(개)	5	10	15	20	25	......

➡ (꼭짓점의 수) = (오각형의 수) × 5

6

단춧구멍의 수(개)	4	8	12	16	20	......
단추의 수(개)	1	2	3	4	5	......

➡ (단추의 수) = (단춧구멍의 수) ÷ 4

7

병아리의 수(마리)	1	2	3	4	5	......
병아리 다리의 수(개)	2	4	6	8	10	......

➡ (병아리 다리의 수) = (병아리의 수) × 2

46

47

3. 규칙과 대응 **단원 평가**

[1~2] 달리기한 시간과 소모된 열량 사이의 대응 관계를 알아보려고 합니다. 물음에 답하세요.

1 달리기한 시간과 소모된 열량 사이의 대응 관계를 표를 이용하여 알아보세요.

달리기한 시간(분)	5	10	15	20	25	30	......
소모된 열량(kcal)	40	80	120	160	200	240	......

2 달리기한 시간을 △, 소모된 열량을 □라고 할 때, 두 양 사이의 대응 관계를 식으로 나타내어 보세요.

식　△×8=□ 또는 □÷8=△

▶ 시간이 5분씩 증가할 때마다 열량은 40 kcal씩 증가하므로 시간이 1분씩 증가할 때에는 열량은 8 kcal씩 변함을 알 수 있습니다.

[3~4] 소연이의 나이와 연도 사이의 대응 관계를 알아보려고 합니다. 물음에 답하세요.

3 소연이의 나이와 연도 사이의 대응 관계를 표를 이용하여 알아보세요.

소연이의 나이(살)	연도(년)
5	2013
7	2015
10	2018
12	2020
22	2030
⋮	⋮

4 소연이의 나이를 ◎, 연도를 ◇라고 할 때, 두 양 사이의 대응 관계를 식으로 나타내어 보세요.

식　◎+2008=◇ 또는 ◇-2008=◎

[5~8] 규칙에 따라 공을 배열하고, 배열 순서에 따라 수 카드를 놓았습니다. 물음에 답하세요.

5 배열 순서에 따라 공의 수가 어떻게 변하는지 표를 완성해 보세요.

배열 순서	1	2	3	4	5	......
공의 수(개)	4	5	6	7	8	......

6 배열 순서를 ♡, 공의 수를 ☆이라고 할 때, 두 양 사이의 대응 관계를 식으로 나타내어 보세요.

식　♡+3=☆ 또는 ☆-3=♡

7 여섯째에 올 모양을 위의 빈칸에 그려 보세요.

8 공이 74개일 때, 배열 순서는 몇째인지 구해 보세요.

(71 번째)

▶ 전체 수 74에서 3을 빼면 배열 순서가 나옵니다.

9 9월 1일의 서울의 시각과 런던의 시각을 나타낸 표입니다. 9월 5일 런던의 시각이 오후 5시일 때 서울은 몇 월 며칠 몇 시인지 구해 보세요.

서울의 시각	오후 5시	오후 6시	오후 7시	오후 8시	오후 9시
런던의 시각	오전 8시	오전 9시	오전 10시	오전 11시	오후 12시

(9월 6일 오전 2시)

▶ 서울의 시각은 런던보다 9시간 더해지므로 9월 5일 오후 5시에서 9시간을 더해 주면 9월 6일 오전 2시가 됩니다.

48

49

실력 키우기

3. 규칙과 대응

1 지우와 준혁이가 대응 관계 놀이를 하고 있습니다. 지우가 말한 수를 ♡, 준혁이가 답한 수를 ◎라고 할 때 준혁이가 만든 대응 관계를 식으로 나타내어 보세요.

식 ────── ♡×2=◎ 또는 ◎÷2=♡ ──────

[2~4] 나라별 환율을 조사하여 나타낸 표입니다. 물음에 답하세요.

대한민국(원)	1200	2400	3600	4800	6000
미국(달러)	1	2	3	4	5

대한민국(원)	900	1800	2700	3600	4500
일본(엔)	100	200	300	400	500

2 미국 돈을 ○, 대한민국 돈을 ♡라고 할 때, 두 양 사이의 대응 관계를 식으로 나타내어 보세요.

식 ○×1200=♡ 또는 ♡÷1200=○

3 일본 돈을 □, 대한민국 돈을 ▽라고 할 때, 두 양 사이의 대응 관계를 식으로 나타내어 보세요.

식 □×9=▽ 또는 ▽÷9=□

4 일본 돈 4000엔은 미국 돈으로 몇 달러인지 구해 보세요.

(30)달러

▶ 일본 돈의 9배는 대한민국 돈이므로 4000엔은 36000원입니다. 대한민국 돈을 1200으로 나누면 미국 돈이 되므로 36000÷1200=30(달러)입니다.

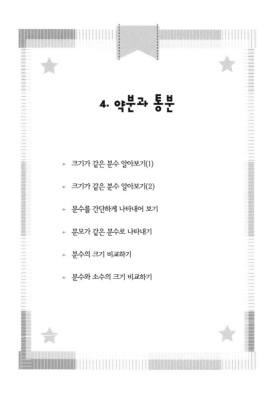

4. 약분과 통분

- ▸ 크기가 같은 분수 알아보기(1)
- ▸ 크기가 같은 분수 알아보기(2)
- ▸ 분수를 간단하게 나타내어 보기
- ▸ 분모가 같은 분수로 나타내기
- ▸ 분수의 크기 비교하기
- ▸ 분수와 소수의 크기 비교하기

크기가 같은 분수 알아보기(1)

4. 약분과 통분

$\dfrac{1}{5}$ $\qquad$ $\dfrac{2}{10}$ $\qquad$ $\dfrac{3}{15}$

$\dfrac{1}{5}$, $\dfrac{2}{10}$, $\dfrac{3}{15}$ ……은 크기가 같은 분수입니다.

1 두 분수 $\dfrac{1}{3}$, $\dfrac{2}{6}$ 만큼 아래부터 색칠하고, 알맞은 말에 ○표 하세요.

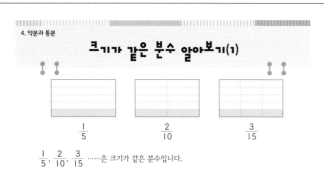

$\dfrac{1}{3}$ $\qquad$ $\dfrac{2}{6}$

$\dfrac{1}{3}$과 $\dfrac{2}{6}$는 크기가 (같은 , 다른) 분수입니다.

[2~3] 분수만큼 색칠하고 크기가 같은 분수를 써 보세요.

2

$\dfrac{3}{9}$ $\qquad$ $\dfrac{2}{6}$ $\qquad$ $\dfrac{2}{3}$

➡ 크기가 같은 분수는 $\dfrac{3}{9}$ 와/과 $\dfrac{2}{6}$ 입니다.

3

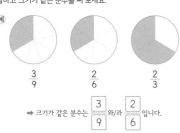

$\dfrac{4}{8}$

$\dfrac{2}{4}$

$\dfrac{3}{4}$

➡ 크기가 같은 분수는 $\dfrac{4}{8}$ 와/과 $\dfrac{2}{4}$ 입니다.

4 크기가 같은 분수입니다. 그림을 보고 □ 안에 알맞은 수를 써넣으세요.

$\dfrac{3}{4}$ = $\dfrac{6}{8}$ = $\dfrac{9}{12}$

5 같은 양만큼 색칠하고, □ 안에 알맞은 수를 써넣으세요.

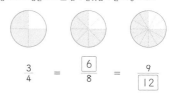

$\dfrac{5}{6}$ = $\dfrac{10}{12}$ = $\dfrac{15}{18}$

▶ 몇 등분하였는지 살펴보면 분모의 값을 알 수 있습니다.

4. 약분과 통분
크기가 같은 분수 알아보기(2)

크기가 같은 분수를 만드는 방법
- 분모와 분자에 각각 0이 아닌 같은 수를 곱하면 크기가 같은 분수가 됩니다.
- 분모와 분자를 각각 0이 아닌 같은 수로 나누면 크기가 같은 분수가 됩니다.

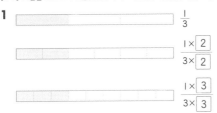

$$\frac{1}{2}=\frac{2}{4}=\frac{3}{6}=\frac{4}{8} \qquad \frac{8}{24}=\frac{4}{12}=\frac{2}{6}=\frac{1}{3}$$

[1~3] 그림을 보고 크기가 같은 분수가 되도록 □ 안에 알맞은 수를 써넣으세요.

1

$\dfrac{1}{3}$

$\dfrac{1\times \boxed{2}}{3\times \boxed{2}}$

$\dfrac{1\times \boxed{3}}{3\times \boxed{3}}$

2

$\dfrac{3}{4}$

$\dfrac{3\times \boxed{2}}{4\times \boxed{2}}$

$\dfrac{3\times \boxed{4}}{4\times \boxed{4}}$

3

$\dfrac{12}{16}$ $\dfrac{12\div \boxed{2}}{16\div \boxed{2}}$ $\dfrac{12\div \boxed{4}}{16\div \boxed{4}}$

4 □ 안에 알맞은 수를 써넣어 크기가 같은 분수를 만들어 보세요.

❶ $\dfrac{3}{5}=\dfrac{6}{\boxed{10}}=\dfrac{9}{\boxed{15}}=\dfrac{\boxed{12}}{20}$ ▶ 분모와 분자에 0이 아닌 같은 수를 곱해서 구하면 됩니다.

❷ $\dfrac{12}{48}=\dfrac{6}{\boxed{24}}=\dfrac{\boxed{4}}{16}=\dfrac{3}{\boxed{12}}=\dfrac{1}{4}$ ▶ 분모와 분자를 0이 아닌 같은 수로 나누어서 구하면 됩니다.

5 $\dfrac{4}{6}$ 와 크기가 같은 분수를 모두 찾아 ○표 하세요.

$\left(\dfrac{2}{3}\right)$ $\dfrac{10}{12}$ $\dfrac{12}{18}$ $\dfrac{20}{36}$ $\left(\dfrac{28}{42}\right)$ $\left(\dfrac{16}{24}\right)$

▶ $\dfrac{4\div 2}{6\div 2}$, $\dfrac{4\times 3}{6\times 3}$, $\dfrac{4\times 4}{6\times 4}$, $\dfrac{4\times 7}{6\times 7}$

6 대화를 읽고 크기가 같은 분수를 같은 방법으로 구한 두 친구를 찾고, 어떤 방법으로 구했는지 써 보세요.

> 지혁: $\dfrac{3}{5}$ 과 크기가 같은 분수에는 $\dfrac{6}{10}$ 이 있어.
>
> 윤아: $\dfrac{4}{6}$ 와 크기가 같은 분수에는 $\dfrac{12}{18}$ 가 있어.
>
> 성문: $\dfrac{5}{10}$ 와 크기가 같은 분수에는 $\dfrac{1}{2}$ 이 있어.

같은 방법으로 구한 두 친구 ___지혁, 윤아___

구한 방법 분모와 분자에 0이 아닌 같은 수를 곱해서 크기가 같은 분수를 만듭니다.

---

4. 약분과 통분
분수를 간단하게 나타내어 보기

• 약분 알아보기

분모와 분자를 공약수로 나누어 간단한 분수로 만드는 것을 약분한다고 합니다.

$$\frac{4}{12}=\frac{4\div 2}{12\div 2}=\frac{2}{6} \qquad \frac{4}{12}=\frac{4\div 4}{12\div 4}=\frac{1}{3}$$

$$\frac{\overset{2}{\cancel{4}}}{\underset{6}{\cancel{12}}}=\frac{2}{6} \qquad \frac{\overset{1}{\cancel{4}}}{\underset{3}{\cancel{12}}}=\frac{1}{3}$$

• 기약분수 알아보기

분모와 분자의 공약수가 1뿐인 분수를 기약분수라고 합니다.

$$\frac{\overset{2}{\cancel{4}}}{\underset{6}{\cancel{12}}}=\frac{\overset{1}{\cancel{2}}}{\underset{3}{\cancel{6}}}=\frac{1}{3}$$

1 약분하여 만들 수 있는 분수를 모두 구해 보세요.

❶ $\dfrac{24}{36}$ $\dfrac{12}{18}$, $\dfrac{8}{12}$, $\dfrac{6}{9}$, $\dfrac{4}{6}$, $\dfrac{2}{3}$ ❷ $\dfrac{15}{20}$ $\dfrac{3}{4}$

▶ 분모, 분자의 공약수로 나누면 약분이 됩니다.

2 기약분수로 나타내려고 합니다. □ 안에 알맞은 수를 써넣으세요.

❶ $\dfrac{28}{49}=\dfrac{28\div \boxed{7}}{49\div \boxed{7}}=\dfrac{4}{\boxed{7}}$ ▶ 분모와 분자의 최대공약수로 나누면 기약분수가 됩니다.

❷ $\dfrac{24}{64}=\dfrac{24\div \boxed{8}}{64\div \boxed{8}}=\dfrac{3}{\boxed{8}}$

3 기약분수로 나타내어 보세요.

❶ $\dfrac{25}{40}=\dfrac{25\div 5}{40\div 5}=\dfrac{5}{8}$ ❷ $\dfrac{21}{49}=\dfrac{21\div 7}{49\div 7}=\dfrac{3}{7}$ ❸ $\dfrac{16}{20}=\dfrac{16\div 4}{20\div 4}=\dfrac{4}{5}$

▶ 분모와 분자의 최대공약수로 나누면 기약분수를 만들 수 있습니다.

4 기약분수가 아닌 분수를 모두 찾아 ○표 하세요.

$\dfrac{2}{3}$ $\left(\dfrac{10}{15}\right)$ $\dfrac{7}{11}$ $\left(\dfrac{13}{26}\right)$ $\dfrac{14}{37}$ $\left(\dfrac{16}{24}\right)$

5 진분수 $\dfrac{\square}{8}$ 가 기약분수일 때, □ 안에 들어갈 수 있는 수를 모두 찾아 기호를 써 보세요.

㉠ 2	㉡ 3	㉢ 4
㉣ 5	㉤ 6	㉥ 7

(㉡, ㉣, ㉥)

▶ 8과 최대공약수가 1인 수를 찾으면 됩니다.

6 분모가 9인 진분수 중에서 기약분수를 모두 써 보세요.

($\dfrac{1}{9}$, $\dfrac{2}{9}$, $\dfrac{4}{9}$, $\dfrac{5}{9}$, $\dfrac{7}{9}$, $\dfrac{8}{9}$)

7 $\dfrac{12}{36}$ 의 약분에 대해 옳게 말한 친구를 찾고, 그 이유를 써 보세요.

> 지훈: $\dfrac{12}{36}$ 를 약분하여 만들 수 있는 분수는 모두 2개야.
>
> 산들: $\dfrac{12}{36}$ 를 약분한 분수 중 분모와 분자가 두 번째로 큰 분수는 $\dfrac{6}{18}$ 이야.
>
> 지윤: $\dfrac{12}{36}$ 를 기약분수로 나타내면 $\dfrac{1}{3}$ 이야.

옳게 말한 친구 ___지윤___

이유 12와 36의 최대공약수인 12로 분모와 분자를 나누면 $\dfrac{1}{3}$ 이 나옵니다.

▶ 12와 36의 최대공약수 12의 약수인 1, 2, 3, 4, 6, 12로 나누면 약분이 됩니다.

4. 약분과 통분

분모가 같은 분수로 나타내기

통분과 공통분모 알아보기

분수의 분모를 같게 하는 것을 통분한다고 하고, 통분한 분모를 공통분모라고 합니다.

> **방법1** 분모의 곱을 공통분모로 하여 통분하기
> $$\left(\frac{1}{6}, \frac{5}{9}\right) \Rightarrow \left(\frac{1\times9}{6\times9}, \frac{5\times6}{9\times6}\right) \Rightarrow \left(\frac{9}{54}, \frac{30}{54}\right)$$
>
> **방법2** 분모의 최소공배수를 공통분모로 하여 통분하기
> $$\left(\frac{1}{6}, \frac{5}{9}\right) \Rightarrow \left(\frac{1\times3}{6\times3}, \frac{5\times2}{9\times2}\right) \Rightarrow \left(\frac{3}{18}, \frac{10}{18}\right)$$

➡ 분모가 작을 때는 두 분모의 곱을 공통분모로 하여 통분하는 것이 간단하고, 분모가 클 때는 두 분모의 최소공배수를 공통분모로 하여 통분하는 것이 편리합니다.

1 $\frac{1}{3}$과 $\frac{3}{4}$을 통분하려고 합니다. 물음에 답하세요.

❶ $\frac{1}{3}$, $\frac{3}{4}$과 각각 크기가 같은 분수를 분모가 작은 분수부터 차례로 7개씩 써 보세요.

$$\frac{1}{3} \Rightarrow \left(\frac{2}{6}, \frac{3}{9}, \frac{4}{12}, \frac{5}{15}, \frac{6}{18}, \frac{7}{21}, \frac{8}{24}\right)$$

$$\frac{3}{4} \Rightarrow \left(\frac{6}{8}, \frac{9}{12}, \frac{12}{16}, \frac{15}{20}, \frac{18}{24}, \frac{21}{28}, \frac{24}{32}\right)$$

❷ 분모가 같은 분수끼리 짝 지어 □ 안에 알맞은 수를 써넣으세요.

$$\left(\frac{1}{3}, \frac{3}{4}\right) \Rightarrow \left(\frac{4}{12}, \frac{9}{12}\right), \left(\frac{8}{24}, \frac{18}{24}\right)$$

2 $\frac{3}{8}$과 $\frac{5}{16}$를 통분하려고 합니다. □ 안에 알맞은 수를 써넣으세요.

❶ 분모의 곱을 공통분모로 하여 통분해 보세요.

$$\frac{3}{8} = \frac{3\times16}{8\times16} = \frac{48}{128} \qquad \frac{5}{16} = \frac{5\times8}{16\times8} = \frac{40}{128}$$

❷ 분모의 최소공배수를 공통분모로 하여 통분해 보세요.

$$\frac{3}{8} = \frac{3\times2}{8\times2} = \frac{6}{16} \qquad \frac{5}{16}$$

3 분모의 곱을 공통분모로 하여 통분해 보세요.

❶ $\left(\frac{1}{5}, \frac{3}{7}\right) \Rightarrow \left(\frac{7}{35}, \frac{15}{35}\right)$　　❷ $\left(\frac{5}{6}, \frac{6}{8}\right) \Rightarrow \left(\frac{40}{48}, \frac{36}{48}\right)$

4 분모의 최소공배수를 공통분모로 하여 통분해 보세요.

❶ $\left(\frac{3}{4}, \frac{1}{6}\right) \Rightarrow \left(\frac{9}{12}, \frac{2}{12}\right)$　　❷ $\left(\frac{5}{8}, \frac{7}{10}\right) \Rightarrow \left(\frac{25}{40}, \frac{28}{40}\right)$

5 두 분수를 통분하려고 합니다. 공통분모가 될 수 있는 수 중에서 100보다 작은 수를 모두 써 보세요.

$$\left(\frac{5}{6}, \frac{3}{8}\right)$$

▶ 공통분모는 두 분모의 최소공배수의 배수입니다.　(24, 48, 72, 96)
6과 8의 최소공배수인 24의 배수가 공통분모가 됩니다.
100보다 작은 공통분모는 24, 48, 72, 96입니다.

6 두 분수를 다음과 같이 통분했습니다. ㉠, ㉡, ㉢에 들어갈 알맞은 수를 써 보세요.

$$\left(\frac{4}{5}, \frac{7}{15}\right) \Rightarrow \left(\frac{36}{㉠}, \frac{㉢}{㉡}\right)$$

㉠ (45 　), ㉡ (21 　), ㉢ (45 　)
▶ 분자와 분모에 같은 수를 곱해야 하므로　▶ 공통분모가 45이므로
4×9=36　5×9=㉠이 됩니다.　15×3=㉡　7×3=㉢입니다.

---

4. 약분과 통분

분수의 크기 비교하기

분수의 크기를 비교하는 방법

• 분모가 다른 두 분수는 통분하여 분모를 같게 한 다음 분자의 크기를 비교합니다.
$$\left(\frac{1}{3}, \frac{2}{7}\right) \Rightarrow \left(\frac{1\times7}{3\times7}, \frac{2\times3}{7\times3}\right) \Rightarrow \left(\frac{7}{21}, \frac{6}{21}\right) \Rightarrow \frac{1}{3} > \frac{2}{7}$$

• 분모가 다른 세 분수는 두 분수씩 차례로 통분하여 크기를 비교합니다.
$$\begin{aligned}\left(\frac{1}{2}, \frac{2}{3}\right) &\Rightarrow \left(\frac{3}{6}, \frac{4}{6}\right) \Rightarrow \frac{1}{2} < \frac{2}{3} \\ \left(\frac{2}{3}, \frac{3}{4}\right) &\Rightarrow \left(\frac{8}{12}, \frac{9}{12}\right) \Rightarrow \frac{2}{3} < \frac{3}{4}\end{aligned} \Bigg\} \quad \frac{1}{2} < \frac{2}{3} < \frac{3}{4}$$

1 두 분수를 통분하여 크기를 비교해 보세요.

❶ $\left(\frac{3}{4}, \frac{4}{5}\right) \Rightarrow \left(\frac{15}{20}, \frac{16}{20}\right) \Rightarrow \frac{3}{4} < \frac{4}{5}$

❷ $\left(\frac{13}{15}, \frac{5}{6}\right) \Rightarrow \left(\frac{26}{30}, \frac{25}{30}\right) \Rightarrow \frac{13}{15} > \frac{5}{6}$

2 분수의 크기를 비교하여 ◯ 안에 >, =, <를 알맞게 써넣으세요.

❶ $\frac{7}{16}$ (>) $\frac{3}{8}$

❷ $1\frac{4}{7}$ (<) $1\frac{13}{21}$ ▶ 자연수가 1로 같으므로 진분수 부분인 $\frac{4}{7}$와 $\frac{13}{21}$을 비교하면 됩니다.

❸ $\frac{4}{25}$ (<) $\frac{3}{10}$

3 세 분수 $\frac{3}{4}$, $\frac{5}{8}$, $\frac{11}{12}$의 크기를 비교해 보세요.

❶ 두 분수끼리 통분하여 크기를 비교해 보세요.

$\left(\frac{3}{4}, \frac{5}{8}\right) \Rightarrow \left(\frac{6}{8}, \frac{5}{8}\right) \Rightarrow \frac{3}{4} \;>\; \frac{5}{8}$

$\left(\frac{5}{8}, \frac{11}{12}\right) \Rightarrow \left(\frac{15}{24}, \frac{22}{24}\right) \Rightarrow \frac{5}{8} \;<\; \frac{11}{12}$

$\left(\frac{3}{4}, \frac{11}{12}\right) \Rightarrow \left(\frac{9}{12}, \frac{11}{12}\right) \Rightarrow \frac{3}{4} \;<\; \frac{11}{12}$

❷ 크기가 큰 분수부터 차례대로 써 보세요.

$$\left(\; \frac{11}{12}, \frac{3}{4}, \frac{5}{8} \;\right)$$

4 세 분수의 크기를 비교하여 작은 분수부터 차례대로 써 보세요.

$$\left(\frac{3}{5}, \frac{7}{15}, \frac{12}{25}\right) \Rightarrow \left(\; \frac{7}{15}, \frac{12}{25}, \frac{3}{5} \;\right)$$

▶ 세 분수를 통분하면 $\frac{45}{75}, \frac{35}{75}, \frac{36}{75}$이 됩니다.

5 대화를 읽고 잘못 말한 친구를 찾고, 잘못된 점을 고쳐 보세요.

> 🙂 도윤: 분모의 크기가 같을 때는 분자의 크기가 큰 분수가 더 큰 분수야.
>
> 🙂 지윤: $\frac{5}{6}$와 $\frac{8}{9}$ 중에서 $\frac{5}{6}$가 더 큰 분수야.
>
> 🙂 슬기: 분모의 크기가 다른 분수는 분모를 통분하여 크기를 비교하면 돼.

잘못 말한 친구 ___지윤___

잘못된 점 고치기 $\frac{5}{6}$와 $\frac{8}{9}$ 중에서 $\frac{8}{9}$이 더 큰 분수야.

▶ $\frac{5}{6} = \frac{15}{18}$, $\frac{8}{9} = \frac{16}{18}$이므로 $\frac{8}{9}$이 더 큽니다.

4. 약분과 통분
분수와 소수의 크기 비교하기

분수와 소수의 크기를 비교하는 방법

- 분수를 소수로 나타내어 소수끼리 비교합니다.

$$\left(\frac{3}{5}, 0.5\right) \Rightarrow \left(\frac{6}{10}, 0.5\right) \Rightarrow (0.6, 0.5) \Rightarrow \frac{3}{5} > 0.5$$

- 소수를 분수로 나타내어 분수끼리 비교합니다.

$$\left(\frac{3}{5}, 0.5\right) \Rightarrow \left(\frac{3}{5}, \frac{5}{10}\right) \Rightarrow \left(\frac{6}{10}, \frac{5}{10}\right) \Rightarrow \frac{3}{5} > 0.5$$

1 □ 안에 알맞은 수를 써넣으세요.

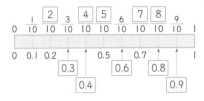

2 분수를 분모가 10 또는 100인 분수로 고치고, 소수로 나타내어 보세요.

❶ $\frac{2}{5} = \frac{2 \times \boxed{2}}{5 \times \boxed{2}} = \frac{\boxed{4}}{\boxed{10}} = \boxed{0.4}$

❷ $\frac{1}{2} = \frac{1 \times \boxed{5}}{2 \times \boxed{5}} = \frac{\boxed{5}}{\boxed{10}} = \boxed{0.5}$

❸ $\frac{3}{4} = \frac{3 \times \boxed{25}}{4 \times \boxed{25}} = \frac{\boxed{75}}{\boxed{100}} = \boxed{0.75}$

[3~4] $\frac{56}{80}$과 $\frac{24}{40}$의 크기를 비교하려고 합니다. 물음에 답하세요.

3 두 분수를 약분하여 크기를 비교해 보세요.

$$\left(\frac{56}{80}, \frac{24}{40}\right) \Rightarrow \left(\frac{\boxed{7}}{\boxed{10}}, \frac{\boxed{6}}{\boxed{10}}\right) \Rightarrow \frac{56}{80} \boxed{>} \frac{24}{40}$$

4 두 분수를 소수로 나타내어 크기를 비교해 보세요.

$$\left(\frac{56}{80}, \frac{24}{40}\right) \Rightarrow \left(\frac{\boxed{7}}{\boxed{10}}, \frac{\boxed{6}}{\boxed{10}}\right) \Rightarrow \boxed{0.7} \boxed{>} \boxed{0.6} \Rightarrow \frac{56}{80} \boxed{>} \frac{24}{40}$$

5 두 수의 크기를 비교하여 ○ 안에 >, =, <를 알맞게 써넣으세요.

❶ $\frac{1}{2}$ ㉲$=$ 0.5 ❷ $1\frac{1}{4}$ ㉲$<$ 1.5 ❸ 0.35 ㉲$<$ $\frac{3}{5}$

▶ 크기 비교를 위해 분수를 소수로 고치거나 소수를 분수로 고쳐봅니다.
$1\frac{1}{4} = 1 + \frac{1}{4} = 1 + \frac{1 \times 25}{4 \times 25} = 1 + \frac{25}{100} = 1.25$ $\frac{3}{5} = \frac{3 \times 2}{5 \times 2} = \frac{6}{10} = 0.6$

6 분수와 소수의 크기를 비교하여 큰 수부터 차례대로 써 보세요.

| $1\frac{3}{4}$ | 0.75 | $\frac{3}{5}$ | 1.6 |

($1\frac{3}{4}$, 1.6 , 0.75 , $\frac{3}{5}$)

▶ 분수를 소수로 고쳐봅니다.
$1\frac{3}{4} = 1\frac{3 \times 25}{4 \times 25} = 1\frac{75}{100} = 1.75$ $\frac{3}{5} = \frac{3 \times 2}{5 \times 2} = \frac{6}{10} = 0.6$

7 수 카드가 4장 있습니다. 이 중에서 2장을 뽑아 진분수를 만들려고 합니다. 만들 수 있는 진분수 중 가장 큰 수를 소수로 나타내어 보세요.

| 10 | 5 | 2 | 4 |

(0.8)

▶ 진분수는 분모가 분자보다 큰 분수입니다.
카드 두 장으로 만들 수 있는 진분수는 $\frac{2}{10}, \frac{4}{10}, \frac{5}{10}, \frac{2}{5}, \frac{4}{5}, \frac{2}{4}$ 입니다.
이를 소수로 나타내면 0.2, 0.4, 0.5, 0.4, 0.8, 0.5입니다.

---

4. 약분과 통분
연습 문제

[1~6] 크기가 같은 분수를 만들어 보세요.

1 $\frac{2}{3} = \frac{2 \times 2}{3 \times \boxed{2}} = \frac{\boxed{4}}{6}$

2 $\frac{1}{2} = \frac{1 \times \boxed{3}}{2 \times \boxed{3}} = \frac{3}{6}$

3 $\frac{3}{4} = \frac{3 \times \boxed{6}}{4 \times \boxed{6}} = \frac{\boxed{18}}{24}$

4 $\frac{4}{9} = \frac{4 \times \boxed{3}}{9 \times 3} = \frac{\boxed{12}}{27}$

5 $\frac{5}{12} = \frac{5 \times \boxed{5}}{12 \times \boxed{5}} = \frac{\boxed{25}}{60}$

6 $\frac{3}{10} = \frac{3 \times \boxed{5}}{10 \times \boxed{5}} = \frac{15}{\boxed{50}}$

▶ 분모, 분자에 0이 아닌 같은 수를 곱하면 크기가 같은 분수를 만들 수 있습니다.

[7~14] 기약분수로 나타내어 보세요.

7 $\frac{12}{20} = \frac{12 \div 4}{20 \div \boxed{4}} = \frac{\boxed{3}}{5}$

8 $\frac{10}{16} = \frac{10 \div \boxed{2}}{16 \div 2} = \frac{\boxed{5}}{8}$

9 $\frac{16}{36} = \frac{16 \div \boxed{4}}{36 \div \boxed{4}} = \frac{\boxed{4}}{9}$

10 $\frac{25}{100} = \frac{25 \div \boxed{25}}{100 \div \boxed{25}} = \frac{\boxed{1}}{4}$

11 $\frac{18}{48} = \frac{18 \div \boxed{6}}{48 \div \boxed{6}} = \frac{\boxed{3}}{8}$

12 $\frac{30}{45} = \frac{30 \div \boxed{15}}{45 \div \boxed{15}} = \frac{\boxed{2}}{3}$

13 $\frac{56}{72} = \frac{56 \div \boxed{8}}{72 \div \boxed{8}} = \frac{\boxed{7}}{9}$

14 $\frac{15}{27} = \frac{15 \div \boxed{3}}{27 \div \boxed{3}} = \frac{\boxed{5}}{9}$

▶ 분모와 분자의 최대공약수로 나누면 기약분수가 됩니다.

[15~16] 분모의 곱을 공통분모로 하여 두 분수를 통분해 보세요.

15 $\left(\frac{1}{3}, \frac{12}{17}\right) \Rightarrow \left(\frac{\boxed{17}}{51}, \frac{\boxed{36}}{51}\right)$

16 $\left(\frac{5}{12}, \frac{2}{5}\right) \Rightarrow \left(\frac{\boxed{25}}{60}, \frac{\boxed{24}}{60}\right)$

[17~18] 분모의 최소공배수를 공통분모로 하여 두 분수를 통분해 보세요.

17 $\left(\frac{3}{20}, \frac{8}{15}\right) \Rightarrow \left(\frac{\boxed{9}}{60}, \frac{\boxed{32}}{60}\right)$

18 $\left(\frac{8}{21}, \frac{5}{7}\right) \Rightarrow \left(\frac{8}{21}, \frac{\boxed{15}}{21}\right)$

[19~20] 분수의 크기를 비교하여 ○안에 >, =, <를 알맞게 써넣으세요.

19 $\left(\frac{3}{5}, \frac{1}{2}\right) \Rightarrow \left(\frac{\boxed{6}}{10}, \frac{\boxed{5}}{10}\right) \Rightarrow \frac{3}{5} \boxed{>} \frac{1}{2}$

20 $\left(\frac{2}{9}, \frac{1}{6}\right) \Rightarrow \left(\frac{\boxed{4}}{18}, \frac{\boxed{3}}{18}\right) \Rightarrow \frac{2}{9} \boxed{>} \frac{1}{6}$

▶ 최소공배수를 이용하거나 두 분모의 곱을 이용하여 공통분모를 구합니다.

[21~22] 세 분수의 크기를 비교하여 큰 분수부터 차례대로 써 보세요.

21 $\left(\frac{4}{5}, \frac{5}{8}, \frac{7}{9}\right) \Rightarrow \left(\frac{4}{5}, \frac{7}{9}, \frac{5}{8}\right)$ ▶ 두 분수의 크기를 차례대로 비교해 봅니다.
$\frac{4}{5} > \frac{5}{8}, \frac{5}{8} < \frac{7}{9}, \frac{4}{5} > \frac{7}{9}$

22 $\left(\frac{7}{12}, \frac{5}{8}, \frac{9}{16}\right) \Rightarrow \left(\frac{5}{8}, \frac{7}{12}, \frac{9}{16}\right)$ ▶ 두 분수의 크기를 차례대로 비교해 봅니다.
$\frac{7}{12} < \frac{5}{8}, \frac{5}{8} > \frac{9}{16}, \frac{7}{12} > \frac{9}{16}$

[23~25] 분수와 소수의 크기를 비교하여 ○안에 >, =, <를 알맞게 써넣으세요.

23 $\frac{3}{20}$ ㉲$<$ 0.4 **24** $\frac{9}{25}$ ㉲$>$ 0.3 **25** $\frac{3}{4}$ ㉲$<$ 0.8

▶ 분수를 소수로 나타내거나 소수를 분수로 나타내어 크기를 비교합니다.
$\frac{4}{10} = \frac{8}{20}$ $\frac{9}{25} = \frac{36}{100} = 0.36$ $\frac{3}{4} = \frac{3 \times 25}{4 \times 25} = \frac{75}{100} = 0.75$

4. 약분과 통분 　단원 평가

1 $\frac{12}{16}$ 와 크기가 같은 분수를 모두 찾아 ○표 하세요.

$$\boxed{\frac{3}{4}} \quad \boxed{\frac{6}{8}} \quad \frac{3}{5} \quad \frac{7}{10} \quad \boxed{\frac{24}{32}} \quad \frac{24}{36}$$

▶ $\frac{12÷4}{16÷4}=\frac{3}{4}$, $\frac{12÷2}{16÷2}=\frac{6}{8}$, $\frac{12×2}{16×2}=\frac{24}{32}$

2 $\frac{3}{7}$ 과 크기가 같은 분수를 분모가 작은 것부터 차례대로 3개 써 보세요.

($\frac{6}{14}, \frac{9}{21}, \frac{12}{28}$)

3 다음을 약분한 분수 중에서 분자가 10보다 크고, 30보다 작은 분수를 모두 써 보세요.

$$\boxed{\frac{56}{84}}$$

($\frac{28}{42}, \frac{14}{21}$)

▶ 84와 56의 공약수로 분모, 분자를 나누어봅니다.
그 중 분자가 주어진 조건을 만족하는 분수는 $\frac{28}{42}$, $\frac{14}{21}$ 입니다.

4 기약분수로 나타내어 보세요.

❶ $\frac{16}{18}=\frac{8}{9}$　　❷ $\frac{45}{81}=\frac{5}{9}$　　❸ $\frac{66}{121}=\frac{6}{11}$

▶ 분모, 분자의 최대공약수로 나누면 됩니다.

5 두 분수를 통분해 보세요.

❶ $\left(\frac{7}{12}, \frac{3}{10}\right)$ → 예 $\left(\frac{35}{60}, \frac{18}{60}\right)$　　❷ $\left(\frac{3}{5}, \frac{4}{7}\right)$ → 예 $\left(\frac{21}{35}, \frac{20}{35}\right)$

6 분수의 크기를 비교하여 ○ 안에 >, =, <를 알맞게 써넣으세요.

❶ $\frac{7}{12}$ ＞ $\frac{11}{20}$　　❷ $\frac{4}{7}$ ＞ $\frac{5}{9}$　　❸ $1\frac{8}{25}$ ＜ $1\frac{2}{5}$

▶ 대분수의 크기 비교는 자연수가 같으면 진분수의 크기를 비교합니다.
$\frac{35}{60}$ ＞ $\frac{33}{60}$　　$\frac{36}{63}$ ＞ $\frac{35}{63}$　　$1\frac{8}{25}$ ＜ $1\frac{10}{25}$

7 세 분수의 크기를 비교하여 큰 수부터 차례대로 써 보세요.

$$\frac{5}{8} \quad \frac{4}{7} \quad \frac{7}{13}$$

($\frac{5}{8}, \frac{4}{7}, \frac{7}{13}$)

▶ ① $\frac{5}{8}>\frac{4}{7}$　② $\frac{5}{8}>\frac{7}{13}$　③ $\frac{4}{7}>\frac{7}{13}$

8 수 카드를 사용하여 $\frac{2}{9}$ 와 크기가 같은 분수를 만들어 써 보세요.

$$\boxed{10} \quad \boxed{12} \quad \boxed{18} \quad \boxed{27} \quad \boxed{54}$$

($\frac{12}{54}$)

▶ $\frac{2×6}{9×6}=\frac{12}{54}$ 입니다.

9 분수와 소수의 크기를 비교하여 ○ 안에 >, =, <를 알맞게 써넣으세요.

❶ 0.5 ＝ $\frac{1}{2}$　　❷ $\frac{13}{20}$ ＞ 0.6　　❸ $\frac{7}{15}$ ＞ 0.4

10 딸기가 세 접시에 같은 수만큼 담겨 있습니다. 딸기를 많이 먹은 사람부터 차례대로 이름을 써 보세요.

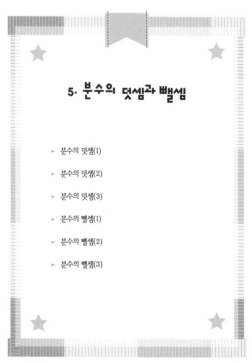

유민　　아진　　하늘

(아진, 하늘, 유민)

▶ $\frac{1}{2}$, $\frac{4}{7}$, $\frac{5}{9}$ 의 분수 크기를 비교하기 위해
분모의 곱을 이용하여 통분하면 $\frac{63}{126}$, $\frac{72}{126}$, $\frac{70}{126}$ 이 됩니다.

---

4. 약분과 통분 　실력 키우기

1 분모가 32인 진분수 중에서 약분하면 $\frac{5}{8}$ 가 되는 분수를 구해 보세요.

($\frac{20}{32}$)

▶ 분모가 32이므로 $\frac{5}{8}$ 와 크기가 같은 분수를 만들면 $\frac{5×4}{8×4}=\frac{20}{32}$ 이 됩니다.

2 어떤 두 기약분수를 통분하였더니 $\frac{15}{24}$ 와 $\frac{8}{24}$ 이 되었습니다. 통분하기 전의 두 기약분수를 구해 보세요.

($\frac{5}{8}, \frac{1}{3}$)

▶ 두 분수를 약분하여 다시 기약분수로 고치면 $\frac{5}{8}$ 와 $\frac{1}{3}$ 이 됩니다.

3 분모와 분자의 합이 10인 진분수 중에서 기약분수는 모두 몇 개인지 풀이 과정을 쓰고 답을 구해 보세요.

【풀이】 합이 10이 되는 두 수를 찾으면 (1, 9), (2, 8), (3, 7), (4, 6), (5, 5) 입니다.
이 중 기약분수가 되는 진분수는 $\frac{1}{9}$, $\frac{3}{7}$ 입니다. 【답】 2 개

4 건하, 지은, 도윤이는 각각 $1\frac{9}{25}$ L, 1.65 L, $1\frac{2}{5}$ L의 물을 받았습니다. 물을 많이 받은 사람부터 차례대로 이름을 써 보세요.

(지은, 도윤, 건하)

▶ 소수로 나타내보면 $1\frac{36}{100}$ =1.36, 1.65, $1\frac{4}{10}$ =1.4입니다.

5 수 카드가 4장 있습니다. 이 중 2장을 뽑아 한 번씩만 사용하여 진분수를 만들었을 때 기약분수를 모두 써 보세요.

$$\boxed{2} \quad \boxed{3} \quad \boxed{5} \quad \boxed{6}$$

($\frac{2}{3}, \frac{2}{5}, \frac{3}{5}, \frac{5}{6}$)

▶ 기약분수가 되려면 분모와 분자의 공약수가 1 밖에 없어야 합니다.

5. 분수의 덧셈과 뺄셈

* 분수의 덧셈(1)
* 분수의 덧셈(2)
* 분수의 덧셈(3)
* 분수의 뺄셈(1)
* 분수의 뺄셈(2)
* 분수의 뺄셈(3)

5. 분수의 덧셈과 뺄셈

분수의 덧셈(1)

받아올림이 없는 진분수의 덧셈 계산하기

- 두 분모의 곱을 공통분모로 하여 통분한 후 계산합니다.

$$\frac{1}{6}+\frac{3}{8}=\frac{1\times8}{6\times8}+\frac{3\times6}{8\times6}=\frac{8}{48}+\frac{18}{48}=\frac{26}{48}=\frac{13}{24}$$

- 두 분모의 최소공배수를 공통분모로 하여 통분한 후 계산합니다.

$$\frac{1}{6}+\frac{3}{8}=\frac{1\times4}{6\times4}+\frac{3\times3}{8\times3}=\frac{4}{24}+\frac{9}{24}=\frac{13}{24}$$

1 분수만큼 색칠하고 □ 안에 알맞은 수를 써넣어 $\frac{1}{4}+\frac{1}{8}$ 을 계산해 보세요.

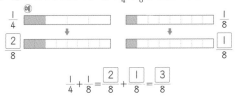

$$\frac{1}{4}+\frac{1}{8}=\frac{2}{8}+\frac{1}{8}=\frac{3}{8}$$

2 □ 안에 알맞은 수를 써넣으세요.

❶ $\frac{1}{4}+\frac{2}{5}=\frac{1\times\boxed{5}}{4\times5}+\frac{2\times\boxed{4}}{5\times\boxed{4}}=\frac{5}{20}+\frac{8}{20}=\frac{\boxed{13}}{\boxed{20}}$

❷ $\frac{3}{8}+\frac{5}{12}=\frac{3\times\boxed{3}}{8\times3}+\frac{5\times\boxed{2}}{12\times\boxed{2}}=\frac{9}{24}+\frac{\boxed{10}}{24}=\frac{\boxed{19}}{\boxed{24}}$

3 보기 와 같이 계산해 보세요.

보기
$$\frac{1}{4}+\frac{1}{8}=\frac{1\times8}{4\times8}+\frac{1\times4}{8\times4}=\frac{8}{32}+\frac{4}{32}=\frac{\overset{3}{\cancel{12}}}{\underset{8}{\cancel{32}}}=\frac{3}{8}$$

❶ $\frac{1}{3}+\frac{4}{9}=\frac{1\times9}{3\times9}+\frac{4\times3}{9\times3}=\frac{9}{27}+\frac{12}{27}=\frac{\overset{7}{\cancel{21}}}{\underset{9}{\cancel{27}}}=\frac{7}{9}$

❷ $\frac{3}{7}+\frac{5}{14}=\frac{3\times14}{7\times14}+\frac{5\times7}{14\times7}=\frac{42}{98}+\frac{35}{98}=\frac{\overset{11}{\cancel{77}}}{\underset{14}{\cancel{98}}}=\frac{11}{14}$

4 분수의 덧셈을 계산해 보세요.

❶ $\frac{5}{12}+\frac{1}{6}=\frac{5}{12}+\frac{2}{12}=\frac{7}{12}$

❷ $\frac{3}{8}+\frac{3}{9}=\frac{27}{72}+\frac{24}{72}=\frac{\overset{17}{\cancel{51}}}{\underset{24}{\cancel{72}}}=\frac{17}{24}$

5 계산 결과를 비교하여 ○ 안에 >, =, <를 알맞게 써넣으세요.

$$\frac{1}{4}+\frac{2}{5}\;\boxed{<}\;\frac{1}{6}+\frac{1}{2}$$

▶ $\frac{5}{20}+\frac{8}{20}=\frac{13}{20}=\frac{39}{60}$ $\frac{1}{6}+\frac{3}{6}=\frac{\overset{2}{\cancel{4}}}{\underset{3}{\cancel{6}}}=\frac{2}{3}=\frac{40}{60}$

6 영수는 다음과 같은 방법으로 레몬 음료를 만들었습니다. 영수가 만든 레몬 음료가 몇 L인지 구해 보세요.

〈레몬 음료 만드는 방법〉
❶ 컵에 레몬청 원액 $\frac{1}{4}$ L를 넣습니다.
❷ 레몬청 원액을 담은 컵에 물 $\frac{4}{7}$ L를 넣습니다.

($\frac{23}{28}$) L

▶ $\frac{1}{4}+\frac{4}{7}=\frac{7}{28}+\frac{16}{28}=\frac{23}{28}$

5. 분수의 덧셈과 뺄셈

분수의 덧셈(2)

받아올림이 있는 진분수의 덧셈 계산하기

- 두 분모의 곱을 공통분모로 하여 통분한 후 계산합니다.

$$\frac{3}{4}+\frac{7}{10}=\frac{3\times10}{4\times10}+\frac{7\times4}{10\times4}=\frac{30}{40}+\frac{28}{40}=\frac{58}{40}=1\frac{\overset{9}{\cancel{18}}}{\underset{20}{\cancel{40}}}=1\frac{9}{20}$$

- 두 분모의 최소공배수를 공통분모로 하여 통분한 후 계산합니다.

$$\frac{3}{4}+\frac{7}{10}=\frac{3\times5}{4\times5}+\frac{7\times2}{10\times2}=\frac{15}{20}+\frac{14}{20}=\frac{29}{20}=1\frac{9}{20}$$

1 분수만큼 색칠하고 □ 안에 알맞은 수를 써넣어 $\frac{3}{4}+\frac{5}{6}$ 를 계산해 보세요.

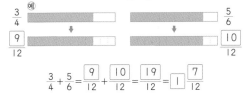

$$\frac{3}{4}+\frac{5}{6}=\frac{9}{12}+\frac{10}{12}=\frac{19}{12}=1\frac{7}{12}$$

2 □ 안에 알맞은 수를 써넣으세요.

❶ $\frac{3}{4}+\frac{6}{7}=\frac{3\times\boxed{7}}{4\times7}+\frac{6\times\boxed{4}}{7\times\boxed{4}}=\frac{\boxed{21}}{28}+\frac{\boxed{24}}{28}=\frac{\boxed{45}}{28}=\boxed{1}\frac{\boxed{17}}{28}$

❷ $\frac{7}{8}+\frac{11}{12}=\frac{7\times\boxed{3}}{8\times3}+\frac{11\times\boxed{2}}{12\times\boxed{2}}=\frac{\boxed{21}}{24}+\frac{\boxed{22}}{24}=\frac{\boxed{43}}{24}=\boxed{1}\frac{\boxed{19}}{24}$

3 보기 와 같이 계산해 보세요.

보기 $\frac{4}{5}+\frac{7}{8}=\frac{4\times8}{5\times8}+\frac{7\times5}{8\times5}=\frac{32}{40}+\frac{35}{40}=\frac{67}{40}=1\frac{27}{40}$

❶ $\frac{6}{7}+\frac{4}{5}=\frac{6\times5}{7\times5}+\frac{4\times7}{5\times7}=\frac{30}{35}+\frac{28}{35}=\frac{58}{35}=1\frac{23}{35}$

❷ $\frac{8}{9}+\frac{5}{7}=\frac{8\times7}{9\times7}+\frac{5\times9}{7\times9}=\frac{56}{63}+\frac{45}{63}=\frac{101}{63}=1\frac{38}{63}$

4 값이 같은 것끼리 이어 보세요.

$\frac{5}{6}+\frac{2}{3}$ $1\frac{5}{8}$
$\frac{7}{8}+\frac{3}{4}$ $1\frac{1}{2}$
$\frac{4}{5}+\frac{2}{3}$ $1\frac{7}{15}$

5 승재는 주말농장에서 딸기를 $\frac{4}{5}$ kg 땄고, 방울토마토를 $\frac{9}{14}$ kg 땄습니다. 승재가 딴 딸기와 방울토마토의 무게는 모두 kg인지 식을 쓰고 답을 구해 보세요.

식 $\frac{4}{5}+\frac{9}{14}=\frac{56}{70}+\frac{45}{70}=\frac{101}{70}=1\frac{31}{70}$ 답 $1\frac{31}{70}$ kg

6 계산 결과가 1보다 작은 것을 찾아 기호를 써 보세요.

㉠ $\frac{1}{2}+\frac{2}{3}$ ㉡ $\frac{5}{12}+\frac{2}{7}$ ㉢ $\frac{1}{5}+\frac{5}{6}$

▶ ㉠ $\frac{1}{2}+\frac{2}{3}=\frac{7}{6}=1\frac{1}{6}$ ㉡ $\frac{5}{12}+\frac{2}{7}=\frac{35}{84}+\frac{24}{84}=\frac{59}{84}$ (㉡)

㉢ $\frac{1}{5}+\frac{5}{6}=\frac{6}{30}+\frac{25}{30}=\frac{31}{30}=1\frac{1}{30}$

5. 분수의 덧셈과 뺄셈

분수의 덧셈(3)

받아올림이 있는 대분수의 덧셈 계산하기

• 자연수는 자연수끼리, 분수는 분수끼리 더하여 계산합니다.

$$2\frac{3}{4}+3\frac{5}{6}=2\frac{9}{12}+3\frac{10}{12}=(2+3)+\left(\frac{9}{12}+\frac{10}{12}\right)$$
$$=5+\frac{19}{12}=5+1\frac{7}{12}=6\frac{7}{12}$$

• 대분수를 가분수로 나타내어 계산합니다.

$$2\frac{3}{4}+3\frac{5}{6}=\frac{11}{4}+\frac{23}{6}=\frac{33}{12}+\frac{46}{12}=\frac{79}{12}=6\frac{7}{12}$$

1 분수만큼 색칠하고 □ 안에 알맞은 수를 써넣어 $1\frac{5}{6}+1\frac{2}{3}$ 를 계산해 보세요.

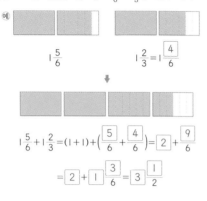

$$1\frac{5}{6} \qquad 1\frac{2}{3}=1\frac{4}{6}$$

$$1\frac{5}{6}+1\frac{2}{3}=(1+1)+\left(\frac{5}{6}+\frac{4}{6}\right)=\boxed{2}+\frac{9}{6}$$
$$=\boxed{2}+1\frac{3}{6}=3\frac{1}{2}$$

2 □ 안에 알맞은 수를 써넣으세요.

❶ $1\frac{3}{4}+1\frac{2}{3}=1\frac{9}{12}+1\frac{8}{12}=2\frac{17}{12}=3\frac{5}{12}$

❷ $1\frac{5}{6}+1\frac{7}{8}=1\frac{20}{24}+1\frac{21}{24}=2\frac{41}{24}=3\frac{17}{24}$

3 $2\frac{5}{8}+1\frac{7}{9}$ 을 두 가지 방법으로 계산해 보세요.

> **방법1** 자연수는 자연수끼리, 분수는 분수끼리 계산하기
>
> $2\frac{5}{8}+1\frac{7}{9}=(2+1)+\left(\frac{5}{8}+\frac{7}{9}\right)=3+\left(\frac{45}{72}+\frac{56}{72}\right)=3+\frac{101}{72}=3+1\frac{29}{72}=4\frac{29}{72}$

> **방법2** 대분수를 가분수로 나타내어 계산하기
>
> $2\frac{5}{8}+1\frac{7}{9}=\frac{21}{8}+\frac{16}{9}=\frac{189}{72}+\frac{128}{72}=\frac{317}{72}=4\frac{29}{72}$

4 계산해 보세요.

❶ $4\frac{6}{7}+3\frac{3}{5}=8\frac{16}{35}$ 　　　❷ $6\frac{5}{6}+3\frac{3}{4}=10\frac{7}{12}$

▶ $4\frac{6}{7}+3\frac{3}{5}=7\frac{51}{35}=8\frac{16}{35}$ 　　$6\frac{5}{6}+3\frac{3}{4}=9\frac{19}{12}=10\frac{7}{12}$

5 수 카드를 한 번씩만 사용하여 가장 큰 대분수와 가장 작은 대분수를 만들고 두 분수의 합을 구하려고 합니다. 풀이 과정을 쓰고 답을 구해 보세요.

$$\boxed{2}\quad\boxed{5}\quad\boxed{9}$$

풀이 $9\frac{2}{5}+2\frac{5}{9}=9\frac{18}{45}+2\frac{25}{45}=11\frac{43}{45}$

답 $11\frac{43}{45}$

▶ 대분수는 자연수와 진분수의 덧셈으로 이루어집니다.

---

5. 분수의 덧셈과 뺄셈

분수의 뺄셈(1)

받아내림이 없는 진분수의 뺄셈 계산하기

• 두 분모의 곱을 공통분모로 하여 통분한 후 계산합니다.

$$\frac{3}{4}-\frac{1}{6}=\frac{3\times 6}{4\times 6}-\frac{1\times 4}{6\times 4}=\frac{18}{24}-\frac{4}{24}=\frac{14}{24}^{7}=\frac{7}{12}$$

• 두 분모의 최소공배수를 공통분모로 하여 통분한 후 계산합니다.

$$\frac{3}{4}-\frac{1}{6}=\frac{3\times 3}{4\times 3}-\frac{1\times 2}{6\times 2}=\frac{9}{12}-\frac{2}{12}=\frac{7}{12}$$

1 분수만큼 색칠하고 □ 안에 알맞은 수를 써넣어 $\frac{3}{4}-\frac{1}{3}$ 을 계산해 보세요.

$$\frac{3}{4} \qquad\qquad \frac{1}{3}$$
$$\frac{9}{12} \qquad\qquad \frac{4}{12}$$

$$\frac{3}{4}-\frac{1}{3}=\frac{9}{12}-\frac{4}{12}=\frac{5}{12}$$

2 □ 안에 알맞은 수를 써넣어 $\frac{9}{16}-\frac{5}{12}$ 를 계산해 보세요.

$$\frac{9}{16}-\frac{5}{12}=\frac{9\times\boxed{3}}{16\times\boxed{3}}-\frac{5\times\boxed{4}}{12\times\boxed{4}}=\frac{27}{48}-\frac{20}{48}=\frac{7}{48}$$

3 **보기**와 같이 계산해 보세요.

> **보기** $\frac{3}{5}-\frac{2}{7}=\frac{3\times 7}{5\times 7}-\frac{2\times 5}{7\times 5}=\frac{21}{35}-\frac{10}{35}=\frac{11}{35}$

❶ $\frac{7}{9}-\frac{3}{7}=\frac{49}{63}-\frac{27}{63}=\frac{22}{63}$

❷ $\frac{4}{5}-\frac{1}{6}=\frac{24}{30}-\frac{5}{30}=\frac{19}{30}$

4 계산해 보세요.

❶ $\frac{3}{5}-\frac{1}{4}=\frac{12}{20}-\frac{5}{20}=\frac{7}{20}$ 　　❷ $\frac{5}{6}-\frac{5}{18}=\frac{15}{18}-\frac{5}{18}=\frac{10}{18}=\frac{5}{9}$

5 계산 결과를 비교하여 ○ 안에 >, =, <를 알맞게 써넣으세요.

$$\frac{3}{4}-\frac{1}{6} \quad\boxed{>}\quad \frac{5}{8}-\frac{1}{2}$$

▶ $\frac{3}{4}-\frac{1}{6}=\frac{9}{12}-\frac{2}{12}=\frac{7}{12}=\frac{14}{24}$ 　　$\frac{5}{8}-\frac{1}{2}=\frac{5}{8}-\frac{4}{8}=\frac{1}{8}=\frac{3}{24}$

6 다음이 나타내는 수를 구해 보세요.

$$\boxed{\frac{7}{8}\text{보다 }\frac{5}{12}\text{ 작은 수}}$$

($\frac{11}{24}$)

▶ $\frac{7}{8}-\frac{5}{12}=\frac{21}{24}-\frac{10}{24}=\frac{11}{24}$

7 길이가 $\frac{9}{10}$ m인 끈이 있습니다. 그중에서 $\frac{5}{6}$ m를 사용하여 상자를 묶었다면 남은 끈의 길이는 몇 m인지 식을 쓰고 답을 구해 보세요.

식 $\frac{9}{10}-\frac{5}{6}=\frac{27}{30}-\frac{25}{30}=\frac{2}{30}=\frac{1}{15}$ 　　**답** $\frac{1}{15}$ m

5. 분수의 덧셈과 뺄셈

분수의 뺄셈(2)

받아내림이 없는 대분수의 뺄셈 계산하기

• 자연수는 자연수끼리, 분수는 분수끼리 빼서 계산합니다.

$$2\frac{2}{5}-1\frac{1}{4}=2\frac{8}{20}-1\frac{5}{20}=(2-1)+\left(\frac{8}{20}-\frac{5}{20}\right)$$
$$=1+\frac{3}{20}=1\frac{3}{20}$$

• 대분수를 가분수로 나타내어 계산합니다.

$$2\frac{2}{5}-1\frac{1}{4}=\frac{12}{5}-\frac{5}{4}=\frac{48}{20}-\frac{25}{20}=\frac{23}{20}=1\frac{3}{20}$$

1 분수만큼 색칠하고 □ 안에 알맞은 수를 써넣어 $2\frac{1}{2}-1\frac{1}{3}$ 을 계산해 보세요.

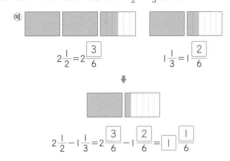

$$2\frac{1}{2}=2\frac{\boxed{3}}{6} \qquad 1\frac{1}{3}=1\frac{\boxed{2}}{6}$$

$$2\frac{1}{2}-1\frac{1}{3}=2\frac{\boxed{3}}{6}-1\frac{\boxed{2}}{6}=\boxed{1}\frac{\boxed{1}}{6}$$

2 □ 안에 알맞은 수를 써넣어 $3\frac{2}{3}-1\frac{3}{7}$ 을 계산해 보세요.

$$3\frac{2}{3}-1\frac{3}{7}=3\frac{\boxed{14}}{21}-1\frac{\boxed{9}}{21}=(3-1)+\left(\frac{\boxed{14}}{21}-\frac{\boxed{9}}{21}\right)=\boxed{2}\frac{\boxed{5}}{21}$$

3 $4\frac{11}{12}-2\frac{7}{8}$ 을 두 가지 방법으로 계산해 보세요.

방법 1 자연수는 자연수끼리, 분수는 분수끼리 계산하기

$$4\frac{11}{12}-2\frac{7}{8}=(4-2)+\left(\frac{11}{12}-\frac{7}{8}\right)=2+\left(\frac{22}{24}-\frac{21}{24}\right)=2\frac{1}{24}$$

방법 2 대분수를 가분수로 나타내어 계산하기

$$4\frac{11}{12}-2\frac{7}{8}=\frac{59}{12}-\frac{23}{8}=\frac{118}{24}-\frac{69}{24}=\frac{49}{24}=2\frac{1}{24}$$

4 계산 결과를 비교하여 ○ 안에 >, =, <를 알맞게 써넣으세요.

$$3\frac{3}{8}-2\frac{1}{9} \enspace \boxed{>} \enspace 2\frac{5}{6}-1\frac{5}{8}$$

▶ $(3-2)+\left(\frac{27}{72}-\frac{8}{72}\right)=1\frac{19}{72}$ $\qquad$ $(2-1)+\left(\frac{20}{24}-\frac{15}{24}\right)=1\frac{5}{24}=1\frac{15}{72}$

5 □ 안에 알맞은 분수를 구해 보세요.

$$5\frac{7}{18}-\boxed{}=4\frac{1}{12}$$

($1\frac{11}{36}$)

▶ $\boxed{}=5\frac{7}{18}-4\frac{1}{12}=5\frac{14}{36}-4\frac{3}{36}=1\frac{11}{36}$

6 지훈이는 하루에 우유 $3\frac{3}{4}$ 컵을 마시기로 했습니다. 오전에 $1\frac{7}{12}$ 컵을 마셨다면 오후에 얼마나 더 마셔야 하는지 식을 쓰고 답을 구해 보세요.

식 $3\frac{3}{4}-1\frac{7}{12}=3\frac{9}{12}-1\frac{7}{12}=2\frac{2}{12}=2\frac{1}{6}$

답 $2\frac{1}{6}$ 컵

---

5. 분수의 덧셈과 뺄셈

분수의 뺄셈(3)

받아내림이 있는 대분수의 뺄셈 계산하기

• 자연수는 자연수끼리, 분수는 분수끼리 빼서 계산합니다. 빼지는 수의 분수 부분이 빼는 수의 분수 부분보다 작을 때는 자연수에서 1을 받아내림하여 계산합니다.

$$5\frac{1}{3}-3\frac{1}{2}=5\frac{2}{6}-3\frac{3}{6}=4\frac{8}{6}-3\frac{3}{6}$$
$$=(4-3)+\left(\frac{8}{6}-\frac{3}{6}\right)=1+\frac{5}{6}=1\frac{5}{6}$$

• 대분수를 가분수로 나타내어 계산합니다.

$$5\frac{1}{3}-3\frac{1}{2}=\frac{16}{3}-\frac{7}{2}=\frac{32}{6}-\frac{21}{6}=\frac{11}{6}=1\frac{5}{6}$$

1 분수만큼 색칠하고 □ 안에 알맞은 수를 써넣어 $2\frac{1}{6}-1\frac{2}{3}$ 를 계산해 보세요.

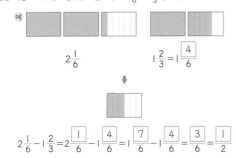

$$2\frac{1}{6} \qquad 1\frac{2}{3}=1\frac{\boxed{4}}{6}$$

$$2\frac{1}{6}-1\frac{2}{3}=2\frac{\boxed{1}}{6}-1\frac{\boxed{4}}{6}=1\frac{\boxed{7}}{6}-1\frac{\boxed{4}}{6}=\frac{\boxed{3}}{6}=\frac{\boxed{1}}{2}$$

2 □ 안에 알맞은 수를 써넣어 $4\frac{1}{5}-2\frac{1}{3}$ 을 계산해 보세요.

$$4\frac{1}{5}-2\frac{1}{3}=\frac{\boxed{21}}{5}-\frac{\boxed{7}}{3}=\frac{\boxed{63}}{15}-\frac{\boxed{35}}{15}=\frac{\boxed{28}}{15}=\boxed{1}\frac{\boxed{13}}{15}$$

3 계산해 보세요.

❶ $6\frac{1}{12}-3\frac{7}{8}=2\frac{5}{24}$

▶ $6\frac{2}{24}-3\frac{21}{24}=5\frac{26}{24}-3\frac{21}{24}=2\frac{5}{24}$

❷ $4\frac{2}{7}-2\frac{16}{21}=1\frac{11}{21}$

▶ $4\frac{6}{21}-2\frac{16}{21}=3\frac{27}{21}-2\frac{16}{21}=1\frac{11}{21}$

4 $4\frac{3}{8}-2\frac{15}{16}$ 를 두 가지 방법으로 계산해 보세요.

방법 1 자연수는 자연수끼리, 분수는 분수끼리 계산하기

$$4\frac{3}{8}-2\frac{15}{16}=4\frac{6}{16}-2\frac{15}{16}=3\frac{22}{16}-2\frac{15}{16}=1\frac{7}{16}$$

방법 2 대분수를 가분수로 나타내어 계산하기

$$4\frac{3}{8}-2\frac{15}{16}=\frac{35}{8}-\frac{47}{16}=\frac{70}{16}-\frac{47}{16}=\frac{23}{16}=1\frac{7}{16}$$

5 ㉠에 알맞은 수를 구해 보세요.

$$\boxed{㉠} \xrightarrow{+2\frac{7}{9}} \boxed{4\frac{14}{45}} \xrightarrow{+3\frac{4}{5}} \boxed{8\frac{1}{9}}$$

($1\frac{8}{15}$)

▶ $8\frac{1}{9}-3\frac{4}{5}=8\frac{5}{45}-3\frac{36}{45}=7\frac{50}{45}-3\frac{36}{45}=4\frac{14}{45}$

$4\frac{14}{45}-2\frac{7}{9}=4\frac{14}{45}-2\frac{35}{45}=3\frac{59}{45}-2\frac{35}{45}=1\frac{24}{45}=1\frac{8}{15}$

6 같은 양의 물이 담긴 두 비커에 소금의 양을 다르게 하여 소금물을 만들었습니다. ㉮ 비커에는 소금을 $3\frac{5}{18}$ g 넣었고, ㉯ 비커에는 ㉮ 비커보다 $1\frac{7}{9}$ g 적게 소금을 넣었습니다. ㉯ 비커에 넣은 소금의 양은 몇 g인지 식을 쓰고 답을 구해 보세요.

식 $3\frac{5}{18}-1\frac{7}{9}=3\frac{5}{18}-1\frac{14}{18}=2\frac{23}{18}-1\frac{14}{18}$
$=1\frac{9}{18}=1\frac{1}{2}$

답 $1\frac{1}{2}$ g

5. 분수의 덧셈과 뺄셈 **연습 문제**

[1~16] 분수의 덧셈을 계산해 보세요.

1 $\frac{1}{2}+\frac{2}{3}=\frac{3}{6}+\frac{4}{6}=\frac{7}{6}=1\frac{1}{6}$

2 $\frac{1}{5}+\frac{1}{4}=\frac{4}{20}+\frac{5}{20}=\frac{9}{20}$

3 $\frac{3}{7}+\frac{3}{8}=\frac{24}{56}+\frac{21}{56}=\frac{45}{56}$

4 $\frac{5}{6}+\frac{2}{9}=\frac{15}{18}+\frac{4}{18}=\frac{19}{18}=1\frac{1}{18}$

5 $\frac{7}{12}+\frac{3}{18}=\frac{21}{36}+\frac{6}{36}=\frac{\overset{3}{27}}{\underset{4}{36}}=\frac{3}{4}$

6 $\frac{5}{8}+\frac{5}{12}=\frac{15}{24}+\frac{10}{24}=\frac{25}{24}=1\frac{1}{24}$

7 $\frac{2}{3}+\frac{4}{5}=\frac{10}{15}+\frac{12}{15}=\frac{22}{15}=1\frac{7}{15}$

8 $\frac{8}{21}+\frac{9}{14}=\frac{16}{42}+\frac{27}{42}=\frac{43}{42}=1\frac{1}{42}$

9 $2\frac{2}{3}+1\frac{1}{6}=2\frac{4}{6}+1\frac{1}{6}=3\frac{5}{6}$

10 $4\frac{3}{4}+2\frac{3}{5}=4\frac{15}{20}+2\frac{12}{20}=6\frac{27}{20}=7\frac{7}{20}$

11 $1\frac{9}{10}+1\frac{8}{15}=1\frac{27}{30}+1\frac{16}{30}=2\frac{43}{30}=3\frac{13}{30}$

12 $1\frac{7}{18}+2\frac{11}{15}=1\frac{35}{90}+2\frac{66}{90}=3\frac{101}{90}=4\frac{11}{90}$

13 $2\frac{2}{7}+1\frac{5}{21}=2\frac{6}{21}+1\frac{5}{21}=3\frac{11}{21}$

14 $2\frac{5}{8}+2\frac{7}{24}=2\frac{15}{24}+2\frac{7}{24}=4\frac{22}{24}=4\frac{11}{12}$

15 $3\frac{1}{5}+2\frac{2}{15}=3\frac{3}{15}+2\frac{2}{15}=5\frac{5}{15}=5\frac{1}{3}$

16 $1\frac{3}{4}+2\frac{4}{7}=1\frac{21}{28}+2\frac{16}{28}=3\frac{37}{28}=4\frac{9}{28}$

[17~32] 분수의 뺄셈을 계산해 보세요.

17 $\frac{4}{5}-\frac{1}{2}=\frac{8}{10}-\frac{5}{10}=\frac{3}{10}$

18 $\frac{5}{6}-\frac{4}{9}=\frac{15}{18}-\frac{8}{18}=\frac{7}{18}$

19 $\frac{3}{4}-\frac{1}{6}=\frac{9}{12}-\frac{2}{12}=\frac{7}{12}$

20 $\frac{7}{8}-\frac{4}{5}=\frac{35}{40}-\frac{32}{40}=\frac{3}{40}$

21 $\frac{8}{9}-\frac{7}{12}=\frac{32}{36}-\frac{21}{36}=\frac{11}{36}$

22 $\frac{7}{8}-\frac{5}{16}=\frac{14}{16}-\frac{5}{16}=\frac{9}{16}$

23 $\frac{6}{7}-\frac{2}{5}=\frac{30}{35}-\frac{14}{35}=\frac{16}{35}$

24 $\frac{3}{4}-\frac{3}{14}=\frac{21}{28}-\frac{6}{28}=\frac{15}{28}$

25 $3\frac{3}{5}-2\frac{1}{4}=3\frac{12}{20}-2\frac{5}{20}=1\frac{7}{20}$

26 $3\frac{2}{7}-2\frac{1}{2}=3\frac{4}{14}-2\frac{7}{14}=2\frac{18}{14}-2\frac{7}{14}=\frac{11}{14}$

27 $3\frac{2}{3}-1\frac{4}{5}=3\frac{10}{15}-1\frac{12}{15}=2\frac{25}{15}-1\frac{12}{15}=1\frac{13}{15}$

28 $4\frac{2}{9}-2\frac{5}{6}=4\frac{4}{18}-2\frac{15}{18}=3\frac{22}{18}-2\frac{15}{18}=1\frac{7}{18}$

29 $3\frac{2}{15}-1\frac{3}{5}=3\frac{2}{15}-1\frac{9}{15}=2\frac{17}{15}-1\frac{9}{15}=1\frac{8}{15}$

30 $2\frac{1}{3}-1\frac{4}{7}=2\frac{7}{21}-1\frac{12}{21}=1\frac{28}{21}-1\frac{12}{21}=\frac{16}{21}$

31 $4\frac{1}{6}-1\frac{3}{4}=4\frac{2}{12}-1\frac{9}{12}=3\frac{14}{12}-1\frac{9}{12}=2\frac{5}{12}$

32 $3\frac{5}{12}-1\frac{15}{16}=3\frac{20}{48}-1\frac{45}{48}=2\frac{68}{48}-1\frac{45}{48}=1\frac{23}{48}$

82   83

5. 분수의 덧셈과 뺄셈 **단원 평가**

1 빈칸에 알맞은 수를 써넣으세요.

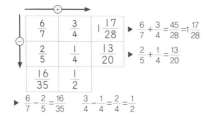

▶ $\frac{6}{7}+\frac{3}{4}=\frac{45}{28}=1\frac{17}{28}$

▶ $\frac{2}{5}+\frac{1}{4}=\frac{13}{20}$

▶ $\frac{6}{7}-\frac{2}{5}=\frac{16}{35}$ $\frac{3}{4}-\frac{1}{4}=\frac{2}{4}=\frac{1}{2}$

2 □ 안에 알맞은 수를 써넣으세요.

$1\frac{1}{4}+1\frac{2}{5}=1\frac{1\times5}{4\times5}+1\frac{2\times\boxed{4}}{5\times\boxed{4}}=1\frac{\boxed{5}}{\boxed{20}}+1\frac{\boxed{8}}{\boxed{20}}=2\frac{\boxed{13}}{\boxed{20}}$

3 보기와 같이 계산해 보세요.

보기 $2\frac{3}{4}-1\frac{8}{9}=\frac{11}{4}-\frac{17}{9}=\frac{99}{36}-\frac{68}{36}=\frac{31}{36}$

$2\frac{5}{8}-1\frac{4}{5}=\frac{21}{8}-\frac{9}{5}=\frac{105}{40}-\frac{72}{40}=\frac{33}{40}$

4 계산 결과를 비교하여 ○ 안에 >, =, <를 알맞게 써넣으세요.

$1\frac{3}{7}+1\frac{4}{5}$ ○< $5\frac{1}{4}-1\frac{5}{6}$

▶ $1\frac{15}{35}+1\frac{28}{35}=2\frac{43}{35}=3\frac{8}{35}$

$5\frac{3}{12}-1\frac{10}{12}=4\frac{15}{12}-1\frac{10}{12}=3\frac{5}{12}$

5 계산 결과가 큰 것부터 차례대로 기호를 써 보세요.

ㄱ $\frac{2}{7}+\frac{3}{5}$ ㄴ $1\frac{1}{6}+\frac{1}{12}$ ㄷ $1\frac{7}{10}-\frac{4}{5}$

(ㄷ, ㄱ, ㄴ)

▶ ㄱ $\frac{10}{35}+\frac{21}{35}=\frac{31}{35}$ ㄴ $\frac{2}{12}+\frac{1}{12}=\frac{3}{12}=\frac{1}{4}$ ㄷ $1\frac{7}{10}-\frac{8}{10}=\frac{17}{10}-\frac{8}{10}=\frac{9}{10}$

6 계산 결과가 가장 크게 되도록 두 분수를 골라 뺄셈식을 만들고 계산해 보세요.

$\frac{3}{16}$ $1\frac{1}{5}$ $\frac{1}{4}$

식 $1\frac{1}{5}-\frac{3}{16}=\frac{6}{5}-\frac{3}{16}=\frac{96}{80}-\frac{15}{80}=\frac{81}{80}$ 답 $1\frac{1}{80}$

$=1\frac{1}{80}$ ▶ 가장 큰 수에서 가장 작은 수를 빼면 계산 결과가 가장 큽니다.

7 □ 안에 알맞은 수를 구해 보세요.

$\frac{3}{4}-\frac{□}{24}=\frac{3}{8}$

(9)

▶ $\frac{18}{24}-\frac{□}{24}=\frac{9}{24}$

8 장미 마을에서 수련 마을을 거쳐 백합 마을까지 다니던 것이 너무 멀어서 장미 마을에서 백합 마을까지 바로 갈 수 있는 터널을 새로 만들었습니다. 얼마나 가까워졌는지 구해 보세요.

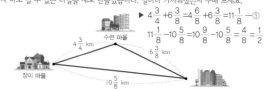

▶ $4\frac{3}{4}+6\frac{3}{8}=4\frac{6}{8}+6\frac{3}{8}=11\frac{1}{8}-$ ①

$11\frac{1}{8}-10\frac{5}{8}=10\frac{9}{8}-10\frac{5}{8}=\frac{4}{8}=\frac{1}{2}$

▶ 장미 마을에서 수련 마을을 거쳐 백합 마을까지 가는 거리에서

① 장미 마을에서 백합 마을까지 가는 거리를 뺍니다.   ($\frac{1}{2}$) km

84   85

5. 분수의 덧셈과 뺄셈　　**실력 키우기**

1 어떤 수에 $1\frac{3}{5}$을 더해야 할 것을 잘못하여 뺐더니 $1\frac{7}{12}$이 되었습니다. 바르게 계산한 값은 얼마인지 풀이 과정을 쓰고 답을 구해 보세요.

풀이 $\square-1\frac{3}{5}=1\frac{7}{12}$이므로 $\square=1\frac{3}{5}+1\frac{7}{12}=3\frac{11}{60}$, $3\frac{11}{60}+1\frac{3}{5}=4\frac{47}{60}$

답 $4\frac{47}{60}$

▶ $1\frac{3}{5}+1\frac{7}{12}=1\frac{36}{60}+1\frac{35}{60}=2\frac{71}{60}=3\frac{11}{60}$

2 □ 안에 들어갈 수 있는 자연수를 모두 써 보세요.

$$\frac{\square}{5}<\frac{1}{2}+\frac{7}{10}$$

(1, 2, 3, 4, 5)

▶ $\frac{1}{2}+\frac{7}{10}=\frac{12}{10}=\frac{6}{5}$ 이므로 □ 안에는 1, 2, 3, 4, 5까지 들어갑니다.

3 계산 결과가 가장 크게 되도록 두 분수를 골라 덧셈식을 만들고 계산해 보세요.

$1\frac{7}{10}$　$1\frac{4}{5}$　$1\frac{1}{2}$

식 $1\frac{4}{5}+1\frac{7}{10}=1\frac{8}{10}+1\frac{7}{10}=2\frac{15}{10}=3\frac{5}{10}$　　**답** $3\frac{1}{2}$
　　$=3\frac{1}{2}$

4 길이가 다른 색 테이프 2장을 $\frac{4}{9}$ cm만큼 겹치게 이어 붙였습니다. 이어 붙인 색 테이프 전체의 길이는 몇 cm인지 식을 쓰고 답을 구해 보세요.

식 $\left(1\frac{1}{3}+1\frac{11}{12}\right)-\frac{4}{9}=3\frac{1}{4}-\frac{4}{9}=3\frac{9}{36}-\frac{16}{36}$　　**답** $2\frac{29}{36}$ cm
　　$=2\frac{29}{36}$　▶ 두 테이프의 길이의 합에서 겹치는 부분을 빼주면 됩니다.

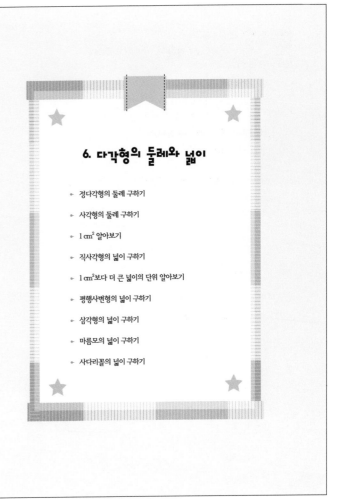

6. 다각형의 둘레와 넓이

▸ 정다각형의 둘레 구하기

▸ 사각형의 둘레 구하기

▸ 1 cm² 알아보기

▸ 직사각형의 넓이 구하기

▸ 1 cm²보다 더 큰 넓이의 단위 알아보기

▸ 평행사변형의 넓이 구하기

▸ 삼각형의 넓이 구하기

▸ 마름모의 넓이 구하기

▸ 사다리꼴의 넓이 구하기

6. 다각형의 둘레와 넓이　　**정다각형의 둘레 구하기**

정다각형의 둘레 구하는 방법 알아보기

• 각 변의 길이를 모두 더합니다.

한 변이 3 cm인 정삼각형의 둘레 ➡ 3+3+3=9 (cm)

• 한 변의 길이를 변의 수만큼 곱합니다.

(정다각형의 둘레)=(한 변의 길이)×(변의 수)

1 다혜와 영주가 정오각형의 둘레를 구하고 있습니다. □ 안에 알맞은 수를 써넣으세요.

 4 cm

다혜 : 변의 길이를 모두 더하면 4+ 4 + 4 + 4 + 4 = 20 (cm)야.

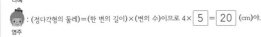
영주 : (정다각형의 둘레)=(한 변의 길이)×(변의 수)이므로 4× 5 = 20 (cm)야.

2 정다각형의 둘레를 구해 보세요.

❶ 4 cm
(32) cm

❷ 5 cm
(15) cm

❸ 3 cm
(12) cm

❹ 6 cm
(30) cm

3 태권도 경기장은 한 변의 길이가 11 m인 정사각형 모양입니다. 태권도 경기장의 둘레를 바르게 구한 사람은 누구인지 써 보세요.

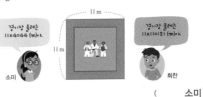
소미: 경기장 둘레는 11×4=44 (m)야.
희찬: 경기장 둘레는 11×11=121 (m)야.
11 m　11 m

(소미)

4 정육각형의 둘레가 24 cm일 때 한 변의 길이는 몇 cm인지 구해 보세요.

 □ cm

(4) cm

5 둘레가 32 cm인 정사각형을 그려 보세요.

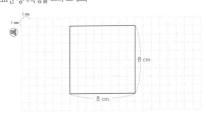
1 cm
예
8 cm
8 cm

6. 다각형의 둘레와 넓이

사각형의 둘레 구하기

- **직사각형의 둘레 구하는 방법 알아보기**

  (직사각형의 둘레)=(가로)×2+(세로)×2
  =((가로)+(세로))×2

- **평행사변형의 둘레 구하는 방법 알아보기**

  (평행사변형의 둘레)=(한 변의 길이)×2+(다른 한 변의 길이)×2
  =((한 변의 길이)+(다른 한 변의 길이))×2

- **마름모와 정사각형의 둘레 구하는 방법 알아보기**

  (마름모의 둘레)=(한 변의 길이)×4
  (정사각형의 둘레)=(한 변의 길이)×4

1 영호가 직사각형의 둘레를 구하고 있습니다. □ 안에 알맞은 수를 써넣으세요.

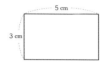

영호: 직사각형의 둘레는 ((가로)+(세로))×2로 구할 수 있으니까 이 직사각형의 둘레는 (5 + 3)×2= 16 (cm)예요.

2 평행사변형의 둘레를 구해 보세요.

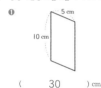

❶ (30) cm ❷ (18) cm

3 마름모의 둘레를 구해 보세요.

❶ (32) cm ❷ (20) cm

4 직사각형의 둘레가 32 cm일 때, □ 안에 알맞은 수를 써넣으세요.

 5 cm

5 평행사변형과 마름모의 둘레가 각각 40 cm일 때, □ 안에 알맞은 수를 써넣으세요.

 8 cm 10 cm

6 주어진 선분을 한 변으로 하여, 둘레가 각각 24 cm인 직사각형 2개를 완성해 보세요.

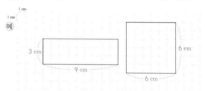

6. 다각형의 둘레와 넓이

1 cm² 알아보기

넓이를 나타낼 때 한 변의 길이가 1 cm인 정사각형의 넓이를 단위로 사용할 수 있습니다.
이 정사각형의 넓이를 1 cm²라 쓰고 1 제곱센티미터라고 읽습니다.

1 주어진 넓이를 쓰고 읽어 보세요.

3 cm² → 3 cm² 3 cm²
3 제곱센티미터

6 cm² → 6 cm² 6 cm²
6 제곱센티미터

2 넓이가 10 cm²인 것을 모두 찾아 ○표 하세요.

▶ 단위 넓이의 개수가 10개인 것을 찾으면 됩니다.

3 □ 안에 알맞은 수를 써넣으세요.

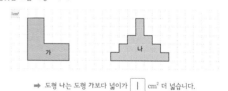

➡ 도형 나는 도형 가보다 넓이가 1 cm² 더 넓습니다.

▶ 가: 16 cm², 나: 17 cm²

[4~6] 조각 맞추기 놀이를 하고 있습니다. 물음에 답하세요.

4 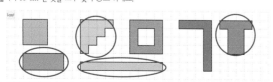 로 채워진 부분의 넓이는 모두 몇 cm²인지 구해 보세요.

(20) cm²

5 로 채워진 부분의 넓이는 모두 몇 cm²인지 구해 보세요.

(8) cm²

6 모양 조각이 차지하는 부분의 넓이는 모두 몇 cm²인지 구해 보세요.

(56) cm²

직사각형의 넓이 구하기

6. 다각형의 둘레와 넓이

직사각형	가로(cm)	세로(cm)	넓이(cm²)
가	3	3	9
나	5	3	15

• (직사각형의 넓이)=(가로)×(세로)
• (정사각형의 넓이)=(한 변의 길이)×(한 변의 길이)

[1~2] 직사각형을 보고 □ 안에 알맞은 수를 써넣으세요.

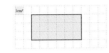

1 1cm²가 직사각형의 가로에 6 개, 세로에 3 개 있습니다.

2 직사각형의 넓이는 6 × 3 = 18 (cm²)입니다.

3 직사각형의 넓이를 구해 보세요.

❶ 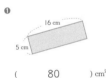 (80) cm²

❷ (144) cm²

4 넓이가 가장 넓은 직사각형을 찾아 기호를 써 보세요.

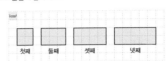

▶ ㉠ 130 cm² ㉡ 132 cm² ㉢ 126 cm²

(㉡)

[5~6] 직사각형을 보고 물음에 답하세요.

5 아래의 표를 완성해 보세요.

직사각형	첫째	둘째	셋째	넷째
가로(cm)	2	3	4	5
세로(cm)	2	2	2	2
넓이(cm²)	4	6	8	10

6 위와 같은 규칙에 따라 직사각형을 계속 그렸을 때, 옳은 문장에 ○표 하세요.
• 세로의 길이는 모두 같습니다. (○)
• 가로가 1 cm만큼 커지면 넓이도 1 cm²만큼 커집니다. ( )
• 다섯째 직사각형의 넓이는 12 cm²입니다. (○)

7 정사각형의 넓이가 49 cm²일 때, 정사각형 한 변의 길이는 몇 cm인지 풀이 과정을 쓰고 답을 구해 보세요.
풀이 (한 변의 길이)×(한 변의 길이)=49 답 7 cm

1 cm²보다 더 큰 넓이의 단위 알아보기

6. 다각형의 둘레와 넓이

• 1 m² 알아보기
넓이를 나타낼 때 한 변의 길이가 1 m인 정사각형의 넓이를 단위로 사용할 수 있습니다.
이 정사각형의 넓이를 1 m²라 쓰고 1 제곱미터라고 읽습니다.

 1 m²= 10000 cm²

• 1 km² 알아보기
넓이를 나타낼 때 한 변의 길이가 1 km인 정사각형의 넓이를 단위로 사용할 수 있습니다.
이 정사각형의 넓이를 1 km²라 쓰고, 1 제곱킬로미터라고 읽습니다.

 1 km²= 1000000 m²

1 주어진 넓이를 쓰고 읽어 보세요.
2 m² 5 km²
쓰기 2 m² 2 m² 쓰기 5 km² 5 km²
읽기 2 제곱미터 읽기 5 제곱킬로미터

2 □ 안에 알맞은 수를 써넣으세요.
• 1 m²= 10000 cm² • 50000 cm²= 5 m²
• 2000000 m²= 2 km² • 4 km²= 4000000 m²

3 직사각형의 넓이를 구해 보세요.
❶  (36) m²
❷ (24) km²

4 주어진 사각형에는 1 km²가 몇 번 들어가는지 □ 안에 알맞은 수를 써 보세요.
❶ 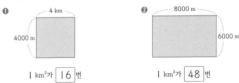 1 km²가 16 번
❷ 1 km²가 48 번

5 정사각형 가와 직사각형 나의 넓이의 차는 몇 km²인지 구해 보세요.

▶ (가의 넓이)−(나의 넓이)=9 (km²)−8 (km²)=1 (km²)
(1) km²

6 보기에서 알맞은 단위를 골라 □ 안에 써넣으세요.
보기 m² km² cm²
• 축구 경기장의 넓이는 680 m² 입니다.
• 서울특별시의 넓이는 605 km² 입니다.
• 수학 익힘책의 넓이는 300 cm² 입니다.

6. 다각형의 둘레와 넓이

평행사변형의 넓이 구하기

- **평행사변형의 구성 요소 알아보기**

평행사변형에서 평행한 두 변을 밑변이라고 하고, 두 밑변 사이의 거리를 높이라고 합니다.

- **평행사변형의 넓이 구하는 방법**

(평행사변형의 넓이)=(직사각형의 넓이)=(가로)×(세로)
➡ (평행사변형의 넓이)=(밑변의 길이)×(높이)

1 보기와 같이 평행사변형의 높이를 표시해 보세요.

보기

2 보기에서 알맞은 말을 골라 □ 안에 써넣으세요.

보기 사다리꼴 직사각형 삼각형 세로 높이 대각선

(평행사변형의 넓이)=(**직사각형** 의 넓이)
=(가로)×(세로)
=(밑변의 길이)×(**높이**)

[3~4] 평행사변형을 보고 물음에 답하세요.

3 평행사변형 가, 나, 다의 넓이를 (밑변의 길이)×(높이)를 이용하여 구해 보세요.

❶ 가의 넓이 ➡ 식 ___2×4=8___ 답 ___8___ cm²

❷ 나의 넓이 ➡ 식 ___2×4=8___ 답 ___8___ cm²

❸ 다의 넓이 ➡ 식 ___2×4=8___ 답 ___8___ cm²

4 평행사변형 가, 나, 다의 넓이는 모두 같습니다. 그 이유를 써 보세요.

이유 ___밑변의 길이와 높이가 모두 같기 때문입니다.___

5 평행사변형의 넓이를 구해 보세요.

❶

(77) cm²

❷

(30) cm²

---

6. 다각형의 둘레와 넓이

삼각형의 넓이 구하기

- **삼각형의 밑변과 높이 알아보기**

삼각형에서 어느 한 변을 밑변이라고 하면, 그 밑변과 마주 보는 꼭짓점에서 밑변에 수직으로 그은 선분의 길이를 높이라고 합니다.

- **삼각형의 넓이 구하는 방법**

똑같은 삼각형 2개를 겹치지 않게 이어 붙여서 평행사변형을 만들었습니다.

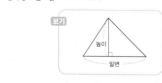

- (평행사변형의 밑변의 길이)=(삼각형의 밑변의 길이)
- (평행사변형의 높이)=(삼각형의 높이)
- (삼각형의 넓이)=(평행사변형의 넓이)의 반
 ➡ (삼각형의 넓이)=(밑변의 길이)×(높이)÷2

1 보기와 같이 삼각형의 높이를 표시해 보세요.

보기

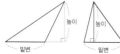 

▶ 밑변과 수직이 되게 높이를 그려줍니다.

[2~3] 삼각형의 넓이를 구하는 식을 쓰고 답을 구해 보세요.

2

식 ___8×7÷2=28___
답 ___28___ m²

3

식 ___9×6÷2=27___
답 ___27___ m²

[4~5] 삼각형을 보고 물음에 답하세요.

4 아래의 표를 완성해 보세요.

삼각형	가	나	다	라
밑변의 길이(cm)	4	4	4	4
높이(cm)	3	3	3	3
넓이(cm²)	6	6	6	6

5 위의 결과를 보고 알 수 있는 사실을 □ 안에 알맞은 말을 써넣어 완성해 보세요.

삼각형 가, 나, 다, 라는 **밑변** 의 길이와 **높이** 이/가 모두 같으므로 **넓이** 이/가 모두 같습니다.

6 삼각형의 넓이가 80 cm²이고 높이가 10 cm일 때, 밑변의 길이는 몇 cm인지 식을 쓰고 답을 구해 보세요.

식 ___80×2÷10=16___ 답 ___16___ cm

▶ (밑변의 길이)×10÷2=80이므로 (밑변의 길이)×10=160입니다.

마름모의 넓이 구하기

6. 다각형의 둘레와 넓이

• 삼각형으로 잘라서 마름모의 넓이를 구하는 방법

마름모의 한 대각선을 따라 잘라서 생긴 두 도형으로 평행사변형을 만들었습니다.

• (평행사변형의 밑변의 길이)=(마름모의 한 대각선의 길이)
• (평행사변형의 높이)=(마름모의 다른 대각선의 길이)÷2
• (마름모의 넓이)=(평행사변형의 넓이)
➡ (마름모의 넓이)=(한 대각선의 길이)×(다른 대각선의 길이)÷2

• 직사각형을 이용하여 마름모의 넓이를 구하는 방법

• (직사각형의 가로)=(마름모의 한 대각선의 길이)
• (직사각형의 세로)=(마름모의 다른 대각선의 길이)
• (마름모의 넓이)=(직사각형의 넓이)÷2
➡ (마름모의 넓이)=(한 대각선의 길이)×(다른 대각선의 길이)÷2

1 마름모의 대각선을 모두 표시해 보세요.

▶ 마름모의 대각선은 서로 수직으로 만납니다.

2 마름모의 넓이를 구하는 과정입니다. □ 안에 알맞은 말을 써넣으세요.

(마름모의 넓이)=(직사각형의 넓이)÷2
=(가로)×(세로)÷2
=(한 대각선의 길이)×(다른 대각선의 길이)÷2

3 마름모의 넓이를 구해 보세요.

❶   ❷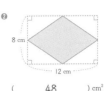

(20) cm²   (48) cm²
▶ 8×5÷2=20   ▶ 8×12÷2=48

4 □ 안에 알맞은 수를 구해 보세요.

❶ 넓이: 36 cm²   ❷ 넓이: 30 cm²

(8)   (10)

5 주어진 마름모와 넓이가 같고, 모양이 다른 마름모를 1개 그려 보세요.

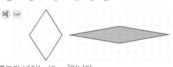

▶ 주어진 마름모의 넓이는 12 cm²입니다.
(한 대각선의 길이)×(다른 대각선의 길이)=24가 되는 모양을 만들면 됩니다.

사다리꼴의 넓이 구하기

6. 다각형의 둘레와 넓이

• 사다리꼴의 밑변과 높이 알아보기

사다리꼴에서 평행한 두 변을 밑변이라 하고, 한 밑변을 윗변, 다른 밑변을 아랫변이라고 합니다. 이때 두 밑변 사이의 거리를 높이라고 합니다.

• 사다리꼴의 넓이 구하는 방법

똑같은 사다리꼴 1개를 겹치지 않게 이어 붙여서 평행사변형을 만들었습니다.

(사다리꼴의 넓이)=(평행사변형의 넓이)÷2
➡ (사다리꼴의 넓이)=((윗변의 길이)+(아랫변의 길이))×높이÷2

1 보기 와 같이 사다리꼴의 윗변, 아랫변, 높이를 표시해 보세요.

▶ 윗변과 아랫변은 서로 마주보며 평행한 변입니다. 하나가 윗변이라면 다른 하나는 아랫변입니다.

2 사다리꼴을 잘라서 만든 평행사변형을 이용하여 넓이를 구하는 과정입니다. □ 안에 알맞은 수를 써넣으세요.

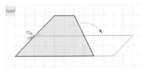

(사다리꼴의 넓이)=(평행사변형의 넓이)=(평행사변형의 밑변)×(평행사변형의 높이)
=(8 + 2)×(4 ÷2)= 20 (cm²)

[3~4] 사다리꼴의 넓이를 구하는 식을 쓰고 답을 구해 보세요.

3

식 (7+5)×3÷2=18
답 18 cm²

4

식 (5+3)×7÷2=28
답 28 cm²

5 □ 안에 알맞은 수를 구해 보세요.

❶ 넓이: 28 cm²    ❷ 넓이: 45 cm²

(4)   (5)

6. 다각형의 둘레와 넓이 연습 문제

[1~2] 정다각형의 둘레를 구해 보세요.

1
(25) cm

2
(42) cm

[3~6] 사각형의 둘레를 구해 보세요.

3
(40) cm

4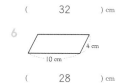
(32) cm

5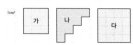
(32) cm

6
(28) cm

7 1 cm²를 이용하여 도형의 넓이를 구해 보세요.

가 (9) cm²
나 (10) cm²
다 (16) cm²

8 □ 안에 알맞은 수를 써넣으세요.
❶ 80000 cm²= 8 m²
❷ 5 km²= 5000000 m²
❸ 7000000 m²= 7 km²
❹ 12 m²= 120000 cm²

[9~14] 평행사변형, 삼각형, 마름모, 사다리꼴의 넓이를 구해 보세요.

9
(28) cm²

10
(48) cm²

11
(54) cm²

12
(12) cm²

13
(25) cm²

14
(40) cm²

[15~16] □ 안에 알맞은 수를 써넣으세요.

15 넓이: 28 cm²
8 cm

16 넓이: 56 cm²
8 cm

6. 다각형의 둘레와 넓이 단원 평가

1 직사각형의 둘레와 넓이를 각각 구해 보세요.

• (직사각형의 둘레)=(8 + 6)×2= 28 (cm)
• (직사각형의 넓이)= 8 × 6 = 48 (cm²)

2 1 cm²를 이용하여 넓이가 같은 도형끼리 묶어 기호를 써 보세요.
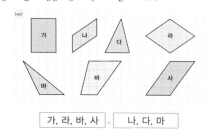
가, 라, 바, 사 , 나, 다, 마

3 □ 안에 알맞은 수를 써넣으세요.
❶ 670000 cm²= 67 m²
❷ 9 km²= 9000000 m²

4 평행사변형의 넓이가 84 cm²일 때 □ 안에 알맞은 수를 써넣으세요.
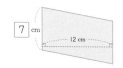
▶ □×12=84

5 색칠한 부분의 넓이를 구해 보세요.

(80) cm²
▶ (사다리꼴의 넓이)−(삼각형의 넓이)=(14+8)×10÷2−10×6÷2
=110−30
=80

6 넓이가 8 cm²인 삼각형을 서로 다른 모양으로 3개 그려 보세요.
예
▶ (밑변의 길이)×(높이)÷2=8이므로 (밑변의 길이)×(높이)=16이 되는 모양을 만들면 됩니다.

7 둘레가 30 cm인 다음 직사각형의 넓이는 몇 cm²인지 풀이 과정을 쓰고 답을 구해 보세요.

풀이 둘레가 30 cm이므로 세로는 9 cm입니다. 따라서 직사각형의 넓이는 6×9=54 (cm²)입니다.
답 54 cm²

실력 키우기

1 사다리꼴의 넓이가 72 cm²일 때 사다리꼴의 높이는 몇 cm인지 구해 보세요.

(8   ) cm

▶ (5+13)×☐÷2=72

2 마름모의 넓이가 24 cm²일 때 ☐ 안에 알맞은 수를 구해 보세요..

(6   )

▶ 8×☐÷2=24

3 둘레가 50 cm인 직사각형의 가로가 세로보다 3 cm 더 길 때, 직사각형의 넓이는 몇 cm²인지 구해 보세요.
    ▶ 둘레의 길이가 50 cm이므로
      (가로의 길이)+(세로의 길이)=50÷2=25 (cm)입니다. (154   ) cm²
      가로의 길이는 세로의 길이보다 3 cm 더 길기 때문에 가로 14 cm, 세로 11 cm입
      니다. 따라서 직사각형의 넓이는 14×11=154 (cm²)입니다.

4 삼각형에서 ☐ 안에 알맞은 수를 구해 보세요.

(12   )

▶ 삼각형의 넓이를 구하는 식으로 나타내어 보면 20×15÷2=25×☐÷2이므로
   20×15=25×☐입니다. 25×☐=300을 만족시키는 ☐는 12입니다.